매일 먹어도 맛있는
일품 국수·간식

이런 날 … 있으시죠?

으실으실 콧등 시리게 추운 날, 왠일인지 까실까실 입이 음식을 거부한 날,
대책없이 밀가루 음식이 먹고 싶어지는 날, 배는 부른데 입이 심심한 날 … 이런 날 … 있으시죠?

이유없이 입맛이 까탈을 부리는 날, 이렇게 따라해 보는 건 어떨까요?
으실으실 콧등 시린 날, 따뜻한 국물 한 모금. 까실까실 입맛 없는 날, 새콤달콤한 국수 한 젓가락
마구마구 밀가루 음식이 먹고 싶은 날, 쫄깃쫄깃한 우동 한 그릇.
밋밋한 라면이 지겨워 지는 날, 영양을 듬뿍 담은 라면 한 봉지.
배는 부른데 입이 심심한 날, 금방 만들어 먹는 간식 한 접시

오늘은 어떤 날인가요? 어렵게 생각하지 마세요.
긴장을 풀고, 즐거운 마음으로 사진 속 요리 과정을 그대로 따라하기만 하면
색다른 요리를 맛볼 수 있을 것입니다. 쉽고 간단하게 조리하는
면 요리로 하루의 기분까지 확실하게 살려보세요.
자, 그럼 밀가루 반죽부터 시작해 볼까요?

쌀이 부족하던 시절,

단순히 한끼의 식사 대용의 먹거리였던 밀가루 음식인 국수&면 요리.

하지만 언젠가부터 면 요리만의 다양한 조리 방법과 스타일을 선보이면서 많은

사람들에게 사랑을 받는 별식이 되었다.

이렇게 면 요리가 다양화되면서 가장 중요시되었던 것이 바로 영양.

이제는 한끼의 식사 대용이 아닌, 영양을 듬뿍 담은 일품 요리로도 충분한

음식의 제 기능을 하게 된다.

이 책은 국수 요리의 기초라고 할 수 있는 잔치국수, 냉소면, 장국수부터 최근

많은 사람들의 인기를 받고 있는 쌀국수, 굴소스 볶음 국수까지

면으로 할 수 있는 다양한 국수 요리들을 다루고 있다.

또한 영양가 있는 재료를 넣어 만드는 이색 칼국수, 특색 있는 라면요리까지

다양한 면 요리를 알기 쉽고 따라하기 쉽게 적고 있다.

영양 높은 재료들을 달달 볶다가 육수를 붓거나 양념을 얹어 내는 간단한

조리법. 매일 똑같은 밥과 같은 반찬들로 식탁이 지루하게 느껴진다면 집안에

있는 재료들을 동원해 맛있는 국수 한 접시로 분위기를 바꿔보는 것도 좋겠다.

index for calory

기름에 볶고, 양념하고, 데치는 다양한 요리들, 우리가 먹고 있는 음식은 과연 칼로리가 얼마나 될까? 이 책의 레시피를 따라 요리할 때 1인당 몇 칼로리를 섭취하게 되는지 알아보자.

400~499 kcal

431 kcal	트위스터 139
432 kcal	새우튀김우동 89
441 kcal	라면해물전골 127
445 kcal	장아찌비빔면 55
449 kcal	잔치국수 35
453 kcal	굴소스해물볶음면 103
453 kcal	김치국물칼국수 81
461 kcal	중국식굴소스국수 67
469 kcal	열무김치수육냉국수 41
474 kcal	라면샐러드 117
475 kcal	카레라면땅 123
476 kcal	밤탕 161
479 kcal	재첩국소면말이 31
481 kcal	삼선짬뽕 43
481 kcal	해물볶음라면 111
488 kcal	라면닭고기크림탕 115

500~599 kcal

509 kcal	라볶이 133
513 kcal	사골칼국수 93
518 kcal	카레라면 125
524 kcal	골동면 63
524 kcal	김치말이국수 23
529 kcal	냉소면 25
539 kcal	비빔국수 65
545 kcal	도미회냉면 71
545 kcal	라면모듬전골 112
548 kcal	장국수 27
554 kcal	닭고기카레국수 61
560 kcal	닭고기잣국수 29
568 kcal	들깨칼국수 85
570 kcal	팥칼국수 79
593 kcal	곱창우동전골 95

600~699 kcal

610 kcal	소시지떡볶음 151
637 kcal	닭칼국수 83
644 kcal	닭살브로콜리샐러드 119
651 kcal	게맛살달걀찜 147
652 kcal	비빔냉라면 117
670 kcal	라면달걀탕 129

700~1000 kcal

704 kcal	메밀칼국수 85
707 kcal	프렌치토스트 159
794 kcal	냉콩국수 33
897 kcal	녹차칼국수 77
961 kcal	닭고기참깨탕칼국수 91

CONTENTS

따뜻한 국물 국수

"국물이… 국물이 끝내줘요."
국수의 진정한 맛은 국물이라는
간단한 진리를 깨닫게 해 주는
어느 선전의 카피처럼 끝내주는
국물 맛을 낼 수 있는 비법,
궁금하시죠?

이렇게 끝내주는 국물맛은 의외로 간단해서 한번
익혀두기만 하면 충분히 할 수 있답니다. 깔끔한 재료
손질과 다양한 육수내기 방법으로 오늘 저녁에는 이
말을 꼭 들어보세요. "국물이 끝내주는데?"

국수 국물내기 노하우

진하고 시원한 국물은 면 요리의 성패를 좌우한다고 해도 과언이 아니다. 기본만 익혀 두면 다양한 응용도 가능한 기본 국물내기. 시원한 첫 맛, 깔끔한 뒷 맛을 내 주는 요령을 배워보자.

멸치국물

1 국물용 멸치는 머리를 떼어내고 검은 내장을 빼낸다. 머리와 내장을 같이 쓰려면 짧은 시간동안 국물을 우려내야 쓴 맛이 나지 않는다.

2 멸치 특유의 비린내를 나지 않게 하기 위해 손질한 멸치는 식용유를 두르지 않은 냄비나 팬에 살짝 볶는다.

3 살짝 볶은 멸치는 찬물에서부터 끓인다. 뜨거운 물에 넣어 끓이면 비린내가 나기 쉽다.

4 멸치 국물이 진하게 우러났으면 멸치를 건져낸다. 맑은 국물로 쓰고 싶다면 베보자기에 걸러서 사용한다.

다시마 국물

1 다시마는 표면에 있는 하얀색의 가루를 털어내고 젖은 행주로 닦아낸다.

2 4×4cm 크기의 다시마 4장에 4컵 분량의 물을 부어 30분 정도 불린 다음

5분 정도 끓인다.

3 다시마는 5~10분 정도만 끓여도 국물에 충분히 우러난다. 더이상 두면 다시마에서 끈적거리는 점액질이 나오므로 끓기 시작하면 바로 건져내도록 한다. 깨끗한 국물로 쓰려면 베보자기에 내려 맑게 준비해 둔다.

♥ 다시마를 고명으로 쓰고 싶다면 국물 낸 다시마를 가늘게 채 썰어 사용한다.

다시마 멸치 국물

1 멸치는 모양이 고르고 은빛이 반짝이는 신선한 것으로 준비하고 쓴맛을 내는 머리와 내장을 떼어내 손질한다.

2 다시마는 두툼한 것을 골라 젖은 행주로 잘 닦은 다음 맛이 잘 우러나도록 군데군데 가윗집을 넣어 준다.

3 냄비에 멸치와 다시마를 넣고 물을 부어 끓인다. 물이 끓기 시작할 때 다시마를 건져내야 쓴 맛이 없다.

조개 국물

1 조개는 굵은 소금을 뿌려서 박박 문질러 겉껍질의 이물질을 제거한 후 심심한 소금물에 담가 30분 정도 해감을 토하게 한다.

2 찬물에 조개를 넣고 비린내가 나지 않도록 대파를 큼직하게 썰어 넣은 뒤 끓인다. 조개의 입이 벌어지면 바로 불을 끄고 거품을 걷어낸다.

3 체에 면보를 깔고 깨끗한 국물만을 받아 두고 조개는 따로 건져 두었다가 국을 끓일 때 넣는다.

♥ 국을 끓일 때에는 물에 담가 불린 미역을 손으로 비벼 깨끗이 씻은 후 물기를 빼고 먹기 좋은 크기로 썰어 넣으

♥ 멸치가 눅눅할 경우에는 비린내가 날 수도 있는데 이때는 냄비에 멸치를 넣고 기름없이 한번 볶은 후 사용하고, 국물이 끓을 때 청주 1큰술을 넣으면 냄새를 줄일 수 있다.

면 조개 국물과 잘 어울린다.

새우 국물

1 살이 통통하게 오르고 분홍색이 고운 마른새우를 준비해 다리와 꼬리를 떼내고 잡티와 먼지를 제거한다.

2 냄비를 불에 올려 뜨겁게 달군 뒤 기름을 두르지 않고 손질한 새우를 넣은 후 달달 볶다가 찬물을 붓고 끓인다.

♥ 국물이 지저분해지는 것이 싫다면

새우 국물을 체에 걸러내 깔끔하게 사용하는 것이 좋다. 반면에 걸쭉한 맛을 좋아한다면 새우가 풀어져 있는 국물 그대로를 사용해도 좋다.

가다랭이 국물

1 다시마를 물에 넣어 중불에 올린다. 작은 거품이 생긴 후 3분 가량 그대로 올려둔 뒤, 끓기 시작하면 다시마를 꺼낸다.
2 만들어 놓은 다시마 국물의 거품을 걷어내고 가다랭이를 넣어 한번 저어준 후 불을 끈다. 너무 오래 끓이면 비린 맛이 강해지므로 주의한다. 커다란 젖은 행주를 깔고 체로 한번 걸러낸다.
♥ 가다랭이로 우려낸 다시물은 단맛이 강하고 향기가 있어 대부분의 국물요리

나 조림에 사용된다. 또한 된장국의 국물로 사용해도 좋다.

사골 국물

1 양지머리나 갈비를 준비해 기름 덩어리를 떼어내고 손질한다. 육질이 많은 부분을 끓여야 감칠맛이 난다.
2 손질한 고기는 찬물에 3시간 정도 담가 누린내가 나지 않도록 핏물을 말끔히 뺀다.
3 냄비에 고기를 넣고 물을 넉넉히 부어 끓인다. 이때 파, 마늘, 생강, 양파를 통째로 넣어 함께 끓이면 누린내를 없앨 수 있다.
♥ 사골 국물은 시간이 날 때 넉넉히 끓여 1회분씩 포장해 냉동실에 넣어두면 필요할 때마다 간편하게 사용할 수 있다.

미소시루 국물

1 두부와 미역은 먹기 좋은 크기로, 파는 잘게 썬다. 냄비에 다시물을 넣고 끓이다가 준비한 두부와 미역을 넣어 다시 한 번 끓인다.
2 조그만 체를 냄비에 담가 미소를 푼다. 잠깐만 끓인 후 파를 넣어 불에서 내린다. 우리나라 된장과는 달리 미소시루는 오래 끓일수록 미소 특유의 향이 달아나고 텁텁한 맛이 나므로 다시물에 미소를 푼 후 잠시만 끓이도록 한다.
♥ 맛이 너무 엷을 때는 간장을 조금 넣어서 간을 조절하고, 맛이 너무 진할 때는 다시물을 조금 더 넣어 맛을 조절한다.

쇠고기 국물

1 덩어리 고기로 국물을 낼 때는 누린내가 나지 않도록 찬물에 두 시간 정도 담가 둔다.
2 냄비에 쇠고기를 넣고 물을 부은 다음 파와 통마늘을 넣고 끓인다. 고기 600g 정도에 물 15컵 정도를 넣고 끓이는 것이 적당하다. 쇠고기로 육수를 낼 때는 반드시 찬물에 고기를 넣어 끓인다. 그래야 육수가 잘 우러난다.
3 고기를 끓이는 동안 위로 떠오르는 거품은 숟가락으로 걷어낸다. 한소끔 끓으면 불을 줄여 은근하게 푹 익힌다.
4 고기가 부드럽게 익었으면 건져 놓고, 국물은 식힌 다음 베보자기에 내려 맑게 걸러 필요한 국물에 사용한다.
♥ 덩어리 고기를 삶아 편육으로 쓸 경우 무명실로 단단하게 묶으면 살이 부스러지지 않고, 썰었을 때 모양이 흐트러지지 않는다.

닭 육수 내기

1 닭은 흐르는 물에 깨끗이 씻은 후 통째로 넣거나 큼직하게 토막으로 썰어 준비한다.
2 생강은 깨끗이 손질하고, 양파는 껍질을 벗겨 1/4토막으로 잘라주고 당근은 밤알 크기로 썰어 준비한다.
3 냄비에 준비한 닭과 파, 마늘, 당근, 생강, 통후추를 넣고 끓인다.

4 재료를 넣어 끓인 닭이 한소끔 끓어 오르면 불의 세기를 중불로 조절하고 40분 정도 서서히 더 끓여준다. 끓을 때 떠오르는 거품과 불순물을 걷어내야 깔끔한 육수 맛을 즐길 수 있다.
5 닭고기의 육수가 충분히 우러나면 체에 걸러 육수만 따로 두고 닭고기는 찢어 고명으로 준비한다.

베트남쌀국수

매콤하면서도 독특한 맛과 향이 감칠맛 나는 베트남쌀국수. 뭔가 색다른
메뉴를 선보이고 싶을 때 준비하면 인기 만점이다.

재 료

276 kcal

말린 쌀국수	150g	얇게 썬 쇠고기	100g
쇠고기 양지머리	200g	숙주	80g
양파	1/2개	생강편	조금
홍고추	1개	소금 · 후춧가루	조금씩
팔각	1개	월계수 잎 · 코리앤더	조금씩
정향	2개	대파	조금
레먼	2쪽	생선 소스	조금

만들기

*** 양파 굽기** 양파는 3~4토막으로 썰어 석쇠나 팬에서 노릇하게 굽는다.
팬을 이용할 때는 약한불에서 구워준다. 1

*** 양지머리 볶기** 쇠고기 양지머리 부위는 5~6토막으로 큼직하게 썰어
구운 양파와 함께 팬에 볶는다. 2

*** 양지머리 끓이기** 양파와 함께 볶은 양지머리에 물을 충분히 붓고 팔각,
정향, 생강편, 월계수 잎을 넣고 서서히 끓이면서 기름을 걷어낸다. 3

*** 야채 다듬기** 홍고추는 송송 썰고 숙주는 다듬어 씻어 건지고
코리앤더는 짧게 뜯어 준다. 4

*** 국물 끓이기** 푹 끓인 양지머리의 육수는 베보에 내려 냄비에 담고,
고기는 얇게 썰어 국물에 넣어 끓인다. 5

*** 간 맞추기** 끓인 육수에 약간의 생선 소스를 넣고 소금, 후추로 간을
맞춰 한소금 더 끓여 준다. 6

*** 쌀국수 삶기** 쌀국수는 끓는 물에 부드럽게 삶아 건져 담고 숙주와 얇게
썬 쇠고기를 올린다. 7

*** 상 차리기** 숙주를 올린 쌀국수에 간을 맞춘 육수를 부어 넣고 송송 썬
대파와 코리앤더, 레먼을 올려 낸다. 8

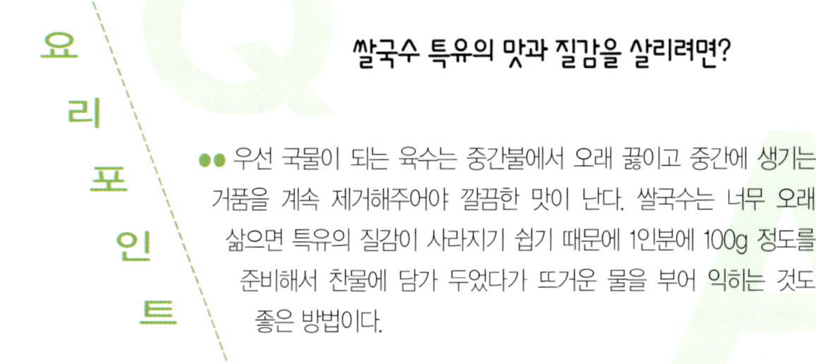

요리 포인트

쌀국수 특유의 맛과 질감을 살리려면?

●● 우선 국물이 되는 육수는 중간불에서 오래 끓이고 중간에 생기는
거품을 계속 제거해주어야 깔끔한 맛이 난다. 쌀국수는 너무 오래
삶으면 특유의 질감이 사라지기 쉽기 때문에 1인분에 100g 정도를
준비해서 찬물에 담가 두었다가 뜨거운 물을 부어 익히는 것도
좋은 방법이다.

양파 굽기

양지머리 볶기

양지머리 끓이기

야채 다듬기

국물 끓이기

간 맞추기

쌀국수 삶기

상 차리기

국수전골

김치말이국수

[국수전골]

재 료

쇠고기 · · · · · · · · · · · · · · · 50g
배춧잎 · · · · · · · · · · · · · · · 2잎
대파 · · · · · · · · · · · · · · · 1/2대
무 · · · · · · · · · · · · · · · 30g
팽이버섯 · · · · · · · · · · · · · · · 1/4봉지
소면 · · · · · · · · · · · · · · · 70g
다시마 우린 국물 · · · · · · · · · · · · · · · 1컵
국간장 · · · · · · · · · · · · · · · 조금
소금 · · · · · · · · · · · · · · · 조금
후춧가루 · · · · · · · · · · · · · · · 조금

만들기

343kcal

* **쇠고기 썰기** 쇠고기는 1.5mm 정도로 얇게 썰어 먹기 편하게 준비한다.

* **파 다듬기** 파와 양파는 흐르는 물에 깨끗이 씻어 어슷하게 썰고, 양파는 굵은 채로 썰어 준비해 놓는다.

* **야채 다듬기** 무와 당근은 1×4cm의 크기로 얇게 썰고 배추는 큼직하게 썰어 준다.

* **버섯 다듬기** 팽이버섯은 뿌리 쪽을 자르고 깨끗하게 씻은 후 준비한 야채를 모두 한 접시에 담아 놓는다.

* **간 맞추기** 냄비에 다시마 우린 국물을 붓고 끓기 시작하면 국간장, 소금, 후추 등으로 간을 한다.

* **끓이기** 간을 맞춰 끓인 국물에 쇠고기를 넣고 반쯤 익힌 후 야채와 국수를 차례로 넣어 조금 더 끓인다.

간 맞추기

야채와 국수 넣어 끓이기

요리 포인트

시원하면서도 탁하지 않은 전골 국물을 만드려면?

●● 미리 끓여둔 다시마 국물에 국간장을 넣어 기본간을 맞춘다. 여기에 소금, 후추를 넣어 너무 짜지지 않도록 한다. 다시마 국물은 찬물에 하루 정도 우려내어 사용해도 맑은 맛을 낼 수 있다. 너무 오래 끓이면 국물이 탁해진다.

고명으로 올라가는 김치의 신선한 맛을 살리기 위한 방법은?

●● 채썬 김치는 김치 국물을 꼭 짜낸 다음에 송송 썰어 주고 설탕과 참기름에 무친다. 김치 국물로만 국수의 국물을 내면 너무 진하므로 육수와 섞어 준 다음, 너무 달지 않을 정도로 설탕을 약간만 넣어 준다.

국물 간 맞추기

상차리기

[김치말이국수]

재 료

소면 · · · · · · · · · · · · · · · 400g
배추김치 · · · · · · · · · · · · · · · 500g
양지머리 육수 · · · · · · · · · · · · · · · 12컵
배 · · · · · · · · · · · · · · · 1/2개(약 300g)

배추김치 양념

깨소금 · · · · · · · · · · · · · · · 2큰술
참기름 · · · · · · · · · · · · · · · 2큰술
설탕 · · · · · · · · · · · · · · · 조금

만들기

524kcal

* **배추김치 만들기** 배추김치는 국물을 꼭 짜낸 다음 송송 썰어 준비한 분량의 배추김치 양념에 무친다.

* **배 준비하기** 배는 껍질을 벗겨 곱게 채를 썰어 준비한다. 배는 국물의 시원한 맛을 더해준다.

* **육수 내기** 양지머리를 넣어 끓인 육수 12컵에 물을 넣어 김치말이 육수를 준비한다.

* **국물 간 맞추기** 육수에 배추김치 국물을 섞은 다음 소금, 설탕으로 맛을 낸다. 이때 달지 않을 정도로만 간을 맞춘다.

* **소면 삶기** 소면은 끓는 소금물에 잘 삶아 건져 물기를 없애 준비한다.

* **상 차리기** 소면을 그릇에 둥글게 사리 지어 담은 다음 준비한 육수를 붓고 그 위에 배추김치와 채썬 배를 올려 낸다.

냉소면

'잔치국수'라고도 하는 소면은 멸치국물을 내서 따뜻하게 먹는 것이
보통이지만, 여름철 시원한 국물에 담백하게 말아 내는 것도 별미.

재 료

529 kcal

소면 · · · · · · · · · · · · · · · 200g	**국물 내기**
오이 · · · · · · · · · · · · · · · 1개	다시마 · 굵은 멸치 · · · · · · · 조금씩
달걀 · · · · · · · · · · · · · · · 1개	간장 · · · · · · · · · · · · · · · 6큰술
당근 · · · · · · · · · · · · · · · 1개	맛술 · · · · · · · · · · · · · · · 6큰술
팽이버섯 · · · · · · · · · · · · 1봉	
소금 · 식용유 · · · · · · · · · 조금씩	

만들기

*** 오이 준비하기** 오이는 토막내어 얇게 저미듯이 썬 후 소금에 절였다가
살짝 볶는다.　　　　　　　　　　　　　　　　　　　　　　1

*** 달걀 준비하기** 달걀은 흰자와 노른자를 나누어 소금으로 간하여 지단을
부쳐 따로 채썬다.　　　　　　　　　　　　　　　　　　　2

*** 당근 준비하기** 당근은 곱게 채썬 후 소금으로 간하여 살짝 볶는다.　3

*** 팽이버섯 준비하기** 팽이버섯은 밑동을 자르고 소금으로 간하여
식용유에 살짝 볶는다.　　　　　　　　　　　　　　　　　4

*** 소면 삶기** 소면은 끓는 물에 삶아낸 다음 찬물에 헹궈서 체에 밭쳐
물기를 뺀다.　　　　　　　　　　　　　　　　　　　　　5

*** 사리 짓기** 물기가 빠진 소면을 조금 덜어 작고 동그랗게 모양을 지어
말아 놓는다.　　　　　　　　　　　　　　　　　　　　　6

*** 다시마 · 멸치 국물 준비하기** 냉수에 다시마를 넣고 끓기 시작하면
다시마를 건져 내고 굵은 멸치를 넣어서 다시 한 번 끓여 준다. 다시마와
멸치 맛이 우러나오면 간장과 맛술을 넣고 간하여 식힌다.　　7

*** 상 차리기** 준비한 야채와 국수를 접시에 담고 차게 식힌 국물은 따로
담아 야채와 국수를 차게 식은 국물에 적셔서 먹는다.　　　8

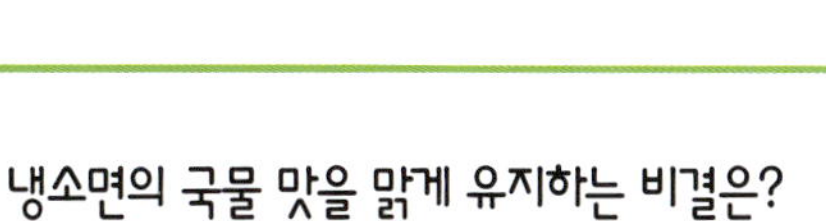

요 리 포 인 트

Q 냉소면의 국물 맛을 맑게 유지하는 비결은?

●● 냉소면은 담백하게 먹어야 더 시원한 맛이 나기 때문에 야채를
볶을 때는 기름을 많이 넣지 않는 것이 좋다. 멸치 다시마 국물을 낼
때는 다시마를 찬물에 넣어 끓이고 한번 끓으면 다시마를
건져낸다. 너무 오래 끓이면 국물이 탁해지고 끈적해져 맑은 맛을
낼 수 없다

오이 준비하기

달걀 준비하기

당근 준비하기

팽이버섯 준비하기

소면 삶기

사리 짓기

국물 준비하기

상 차리기

장국수

쇠고기 장국에 국수를 말아 색색의 고명을 얹어서 내는 따뜻한 국수.
국수를 삶을 때 참기름을 조금 넣으면 국수가 풀어지지 않고 쫄깃하다.

재 료

548kcal

소면	500g	달걀	1개
육수	5컵	소금 · 후춧가루 · 식용유	조금씩
국간장	조금		
참기름	1/4작은술	**양념장**	
호박 · 오이	1/2개씩	간장 · 다진 파 · 고춧가루	1큰술씩
고기채	100g	다진 마늘	1/2큰술
새우	5마리	육수	1컵

만들기

* **야채 준비하기** 호박은 곱게 채썰고, 오이는 빗살 모양으로 썰어 소금에
절였다가 파랗게 볶아 놓는다. 1

* **고기 준비하기** 고기채는 간장으로 밑간하고, 식용유를 두른 팬에 후추로
양념하여 볶는다. 2

* **지단 부치기** 달걀은 흰자와 노른자로 나눠 각각 얇게 지단을 부쳐낸 후
채썬다. 3

* **새우 준비하기** 끓는 물에 1분 정도 데친 다음 껍질을 벗겨 고명으로 얹을
준비를 한다. 4

* **소면 삶기** 끓는 물에 소면과 참기름을 넣고 삶은 후 차가운 물에 헹궈
사리를 만들어 둔다. 5

* **육수 내기** 고기채와 파를 넣어 팔팔 끓인 다음 체에 걸러 고기 육수를
만든다. 6

* **장국 만들기** 육수를 베보에 걸러서 맑은 장국을 만든 다음 다시
국간장과 소금으로 간한다. 7

* **상 차리기** 국수 사리에 국물을 붓고 달걀 지단, 새우, 고기채, 호박,
오이로 장식한 뒤 식성에 맞게 양념장을 부어 먹는다. 8

Q 쫄깃한 면발을 살리면서 맑은 국물맛을
내려면?

●● 첫째, 끓는 물에 소면을 넣어 삶을 때는 면을 조금씩 나눠 넣어
서로 붙지 않도록 한다. 둘째, 육수를 끓여서 가제에 걸러 기름기를
제거하고 국간장과 소금으로 담백하게 간을 해준다. 마지막으로
호박, 오이, 고기채 등의 간을 너무 세게 하지 말고 가급적 물기가
생기지 않게 빨리 볶아서 준비해 둔다.

야채 준비하기

고기 준비하기

지단 부치기

새우 준비하기

소면 삶기

육수 내기

장국 만들기

상 차리기

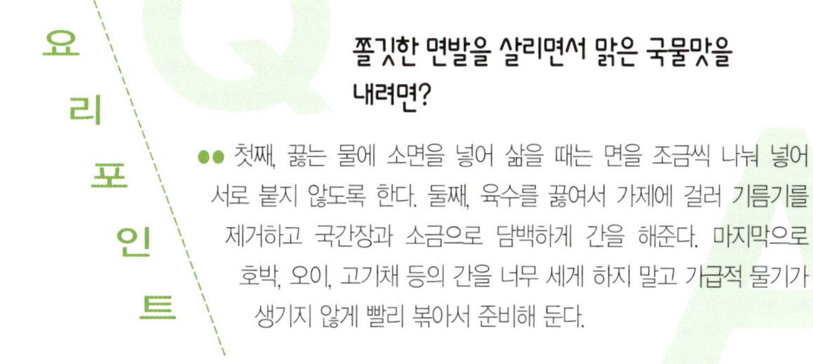

닭고기잣국수

닭고기 육수의 구수한 맛과 잣 국물의 고소한 맛이 어우러진 영양 만점 별미요리. 국수 대신 감자 채를 넣어 색다른 맛이 난다.

재 료

560kcal

		고명	
닭	반마리	소금	1/2작은술
마늘	1통	참기름	1/2큰술
대파	1뿌리	오이	1/2개
물	10컵	물	1컵
잣	1컵	소금	1큰술
감자	300g	대추채	조금
소금	조금	밤	3개

만들기

* **닭 반마리 삶기** 냄비에 닭 반마리, 마늘 1통, 대파 1뿌리를 넣고 물을 부은 후 끓인다. ····· 1

* **육수 준비하기** 닭고기 육수 5컵 분량을 준비하고, 닭고기는 충분히 익힌다. ····· 2

* **잣 국물 만들기** 분쇄기 컵에 닭고기 육수를 넣은 후 잣을 넣고 갈아준다. 곱게 간 다음 체에 걸러 잣국물을 만든다. ····· 3

* **감자 데치기** 감자는 깨끗이 씻어 껍질을 벗긴 후 곱게 채썰어 소금물에 넣어 데친다. ····· 4

* **감자 국수 만들기** 소금물에 넣어 데친 채썬 감자를 찬물에 헹궈 국수 사리처럼 말아 놓는다. ····· 5

* **고명 준비하기** 밤은 얇게 썰어 살짝 볶아 차게 식히고, 오이도 얇게 썰어 소금물에 살짝 절인 후 볶아 식힌다. 또한 대추는 가늘게 채썬다. ····· 6

* **닭고기 조리하기** 삶은 닭고기는 살만 발라 소금과 참기름으로 적절히 간이 되게 무친다. ····· 7

* **상 차리기** 그릇에 감자국수를 담고 국물을 부은 후 닭고기, 오이, 대추채 등의 고명을 얹고 소금을 곁들여 낸다. ····· 8

요리 포인트

Q 잣 국물의 맛을 고소하게 내려면?

●● 분량의 잣을 육수에 넣고 믹서기로 곱게 간 다음, 체에 걸러서 잣 건더기가 남지 않게 한다. 닭고기 육수로 만든 국물은 담백하고 영양가도 높다. 또한 감자 국수를 만들 때는 끓는 소금물에 투명해질 정도까지만 살짝 데쳐 주어야 하는 것이 이 요리의 포인트.

닭 반마리 삶기

육수 준비하기

잣 국물 만들기

감자 데치기

감자 국수 만들기

고명 준비하기

닭고기 조리하기

상 차리기

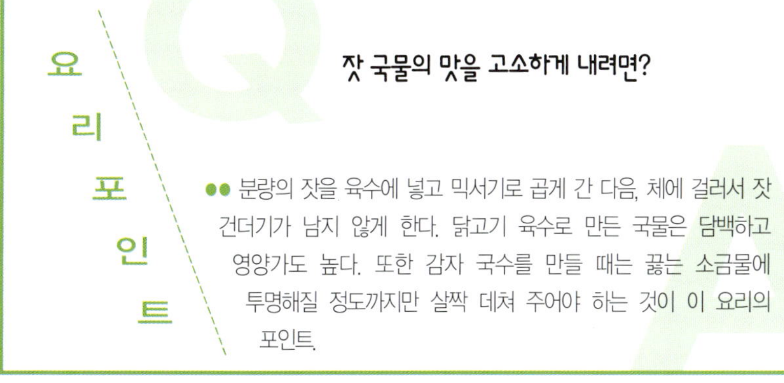

동치미국물국수 · · · · · 장터국수

[동치미국물국수]

재료

삶은 소면 · · · · · · · · · · 400g
쇠고기 편육 · · · · · · · · · · 100g
고춧가루 · · · · · · · · · · · 2큰술
황백지단 · 송송 썬 대파 · · · · 조금씩
청 · 홍고추 · · · · · · · · · · 조금씩
무채 무침 양념
동치미 무채 · · · · · · · · · · 200g
고춧가루 · · · · · · · · · · 1작은술
깨소금 · 설탕 · · · · · · · · 1/2큰술
실파채 · 식초 · 참기름 · · · · · · 조금
냉국수 국물 양념
동치미국물 · · · · · · · · · · · 5컵
고춧가루 · · · · · · · · · · · 2큰술
육수 · · · · · · · · · · · · · 2컵
설탕 · · · · · · · · · · · · 3큰술
발효겨자 · · · · · · · · · · 1/2큰술
소금 · 후춧가루 · · · · · · · · · 조금

만들기

* **지단 썰기** 황백지단은 6cm 길이의 고운 채로 썰어둔다.

* **동치미 무 무치기** 동치미 무는 6cm 길이의 고운 채로 썰어 분량의 양념들을 넣고 맛깔스럽게 무친다.

* **국물 만들기** 고춧가루를 베보에 싼 채로 분량의 동치미 국물에 풀어 원하는 정도로 붉은 색깔을 낸다.

* **국물 간 맞추기** 국물에 분량의 쇠고기육수, 설탕, 발효겨자를 넣고 소금, 후춧가루로 간을 맞춰 차게 보관한다.

* **재료 담기** 삶은 소면을 넓적한 그릇에 알맞은 양으로 담고 쇠고기 편육, 동치미 무채 무침을 올린다.

* **상차리기** 준비한 소면 위에 차게 보관한 국물을 부어넣고 송송 썬 대파와 청 · 홍고추, 황백지단채를 올려 낸다.

440 kcal

지단 썰기

동치미 무 무치기

요리 포인트 Q&A

맛있는 국물 맛을 내려면?

●● 국수 국물은 간을 약간 강한 듯 하다 싶을 정도로 간을 맞춰 주면 국수를 먹을 때 간이 알맞다. 또한 동치미 국물은 차게 보관한 다음 국수에 부어 먹는다. 동치미 국물이 없다면 배추김치의 국물에 생수와 설탕, 식초를 가미해서 국수를 말아도 맛있다.

포장마차의 국수국물처럼 진하면서 담백한 맛을 내려면?

●● 북어머리와 무, 국멸치, 마늘, 양파를 망에 담아서 끓이다가 다시마를 넣고 2분만에 건져낸다. 국수 국물은 넉넉하게 만들어 먹을 만큼씩 밀폐 용기나 우유팩에 넣어서 냉동보관하면 출출할 때마다 녹여서 쉽고 맛있게 국수 말이를 해 먹을 수 있다.

국물 내기

어묵 · 유부 데우기

[장터국수]

재료

소면 · · · · · · · · · · · · 300g
어묵 · · · · · · · · · · · · 150g
유부 · · · · · · · · · · · · · 2장
부순 김 · · · · · · · · · · · 1/3컵
대파 · · · · · · · · · · · · · 1대
고춧가루 · 통깨 · · · · · · · 1작은술씩
국수국물
다시마 사방 10cm · · · · · · · · 2장
무 · · · · · · · · · · · · · · 50g
국물용 멸치 · · · · · · · · · 10마리
북어머리 · · · · · · · · · · · 1개
가다랭이포 · · · · · · · · · 3큰술
파 · · · · · · · · · · · · · 1/2개
마늘 · · · · · · · · · · · · · 3쪽
양파 · · · · · · · · · · · · 1/2개
진간장 · · · · · · · · · · · 2큰술
소금 · 후춧가루 · · · · · · · · 조금씩
물 · · · · · · · · · · · · · 10컵

만들기

* **국물 내기** 손질한 무와 멸치, 북어머리, 파, 마늘, 양파를 주머니에 넣고 분량의 물을 담은 냄비에 넣어 끓이다가 다시마를 넣어 2분 정도 더 끓인 후 다시마만 건져낸다.

* **간 맞추기** 국수 국물에 진간장과 소금, 후춧가루를 넣어서 간을 맞추고 불에서 내린 후 가다랭이포를 우려 국물만 냄비에 따로 받아둔다.

* **재료 준비하기** 어묵과 유부는 먹기 좋은 크기로 썰어 끓는 물에 데친 다음 찬물에 헹궈서 기름기를 뺀다.

* **소면 · 김 준비하기** 김은 손질해서 앞뒤로 불에 살짝 구워 잘게 부수고, 소면은 삶아 준비한다.

* **어묵 · 유부 데우기** 국수 국물에 어묵과 유부를 넣어 뜨겁게 데운다.

* **상 차리기** 그릇에 삶아 놓은 소면을 담고 뜨겁게 데운 국물을 부은 후 고춧가루, 김, 통깨를 고명으로 얹어서 상에 낸다.

402 kcal

재첩국소면말이

묵국수김치말이

[재첩국소면말이]

재 료

소면 · · · · · · · · · · · · · · · 200g
재첩 · · · · · · · · · · · · · · · · 2컵
애호박 · · · · · · · · · · · · · · 조금
부추 · · · · · · · · · · · · · · · 조금
마른 고추 · · · · · · · · · · · · 조금
술 · · · · · · · · · · · · · · · · · 조금
생강 · · · · · · · · · · · · · · · 조금
허브 · · · · · · · · · · · · · · · 조금
소금 · · · · · · · · · · · · · · · 조금

만들기

479kcal

* **재첩 준비하기** 재첩은 하루 동안 물에 담가 해감을 토하게 한 다음 여러 번 문질러 씻어서 맑은 물이 나오도록 헹군다. ·····1

* **재첩 국물 내기** 냄비에 재첩을 넣고 물을 반 정도 잠기도록 붓고 끓이다가 찬물 반 컵을 넣고 다시 끓기 시작하면 찬물을 한 번 더 넣고 끓인 다음 불에서 내린다. ·····2

* **조갯살 준비하기** 재첩을 건진 다음 찬물에 헹구고 조리로 위에 떠오르는 조갯살을 건진다. ·····3

* **야채 준비하기** 부추는 3cm 길이로 썰고, 허브도 작게 썬다. 호박은 채썰어 기름에 살짝 볶는다. ·····4

* **소면 삶기** 소면은 삶은 다음 찬물에 헹궈 보기 좋게 말아 둔 다음 상에 낼 때 재첩국을 붓는다. ·····5

재첩 국물 내기

조갯살 준비하기

모래나 해감 등이 없이 맑은 재첩 국물을 내려면?

●● 재첩은 소금물에 하루 동안 담가 해감을 토하게 한다. 조개류는 어두운 곳에서 해감을 잘 토해내므로 검은 천이나 비닐로 덮어두는 것이 포인트. 손질한 재첩을 끓인 다음, 체에 밭쳐 찬물에 헹구면 맑은 재첩 국물을 낼 수 있다.

옥수수묵을 만들지 않고 시중에 있는 묵을 사용하려면?

●● 묵국수에는 도토리묵이나 청포묵을 써도 좋다. 도토리묵이나 청포묵은 모두 가늘게 채썰어 준다. 청포묵을 쓸 경우, 가늘게 채썰어 끓는 물에 살짝 데치면 꼬들한 맛이 살아난다.

[묵국수김치말이]

옥수수 묵 쑤기

굳힌 묵 채썰기

●시중에 판매하는 청포묵이나 도토리묵을 가늘게 채썰어 말아도 좋다.

재 료

옥수수 전분 · · · · · · · · · · · · · · 1컵
옥수수 가루 · · · · · · · · · · · · · 1/2컵
물 · · · · · · · · · · · · · · · · · · · 6컵
소금 · · · · · · · · · · · · · · · · · 조금
열무김치 · · · · · · · · · · · · · · 200g
육수 · · · · · · · · · · · · · · · · · 조금
설탕 · · · · · · · · · · · · · · · · · 조금
식초 · · · · · · · · · · · · · · · · · 조금

만들기

370kcal

* **옥수수묵 쑤기** 옥수수 전분과 옥수수 가루를 분량대로 섞어 물 6컵을 붓고 고루 푼 다음 눋지 않게 저어가며 풀처럼 쑨다. ·····1

* **묵 국수 만들기** 양푼에 얼음물을 담고 구멍 뚫린 그릇이나 국자를 놓고 옥수수 끓인 것을 부으면 얼음물로 떨어지면서 약간 굵은 국수가 된다. 구멍 뚫린 그릇이 없을 경우 그릇에 담아 차게 굳혀서 가늘고 길게 채썬다. ·····2

* **국물 만들기** 열무 김치 국물과 육수를 같은 양으로 섞고 설탕, 소금, 식초로 간을 맞춰 국물을 만든다. ·····3

* **상 차리기** 묵국수와 열무김치를 섞어 대접에 담고 준비한 국물을 부어 낸다. ·····4

냉콩국수

수수 경단을 빚어 넣고 구수한 콩국물을 부어 먹는 콩국수. 여름철에
시원하게 준비하면 영양도 보충하고 더위도 물리칠 수 있어 일석이조.

재료

794 kcal

		수수경단	
국수	400g	수수	300g
흰콩	1컵	소금	1작은술
방울토마토	10개		
오이	1개		
소금·얼음	조금씩		

만들기

＊ 흰콩 준비하기 흰콩은 충분히 불려서 냄비에 살짝 끓여 식힌 다음
양손으로 살살 비벼 껍질을 벗긴다. ⋯⋯⋯ 1

＊ 콩 국물 만들기 준비한 흰콩을 믹서기에 갈아 체에 내려 콩 국물을 만든
다음 소금으로 간한다. ⋯⋯⋯ 2

＊ 야채 준비하기 오이는 채썰고, 방울 토마토는 반으로 썰어 콩국수에
올릴 고명을 준비한다. ⋯⋯⋯ 3

＊ 수수 가루 만들기 수수는 씻어 충분히 불린 뒤 분쇄기에 갈아 입자가
고운 가루로 준비한다. ⋯⋯⋯ 4

＊ 수수 경단 빚기 수수 가루를 체에 내려 뜨거운 물로 반죽하여 2cm
크기의 완자로 빚는다. ⋯⋯⋯ 5

＊ 경단 삶기 냄비에 물을 넣고 소금간을 한 후 수수경단을 넣는다.
수수경단이 익어서 떠오르면 건져 냉수에 헹군 뒤 차게 둔다. ⋯⋯⋯ 6

＊ 국수 삶기 국수는 먹기 직전에 끓는 물에 삶은 후 차가운 물에 헹궈
사리를 만들어 놓는다. ⋯⋯⋯ 7

＊ 상 차리기 그릇에 국수를 말아 담은 뒤 수수 경단과 콩국, 토마토, 오이
등을 얹은 후 준비한 콩 국물을 부어 낸다. 이때 얼음을 갈아서 곁들이면
더욱 시원하다. ⋯⋯⋯ 8

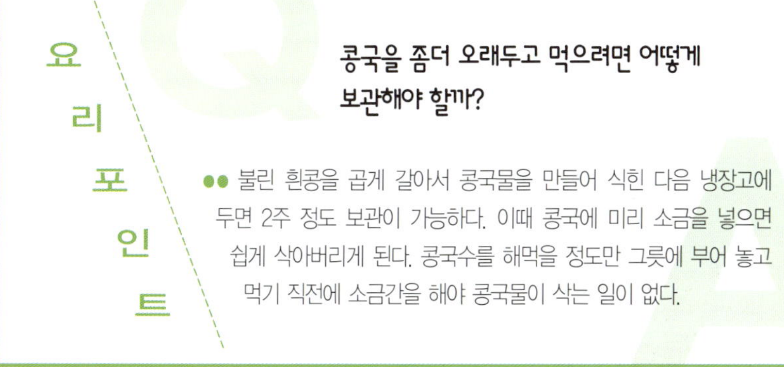

요리포인트

**Q 콩국을 좀더 오래두고 먹으려면 어떻게
보관해야 할까?**

●● 불린 흰콩을 곱게 갈아서 콩국물을 만들어 식힌 다음 냉장고에
두면 2주 정도 보관이 가능하다. 이때 콩국에 미리 소금을 넣으면
쉽게 삭아버리게 된다. 콩국수를 해먹을 정도만 그릇에 부어 놓고
먹기 직전에 소금간을 해야 콩국물이 삭는 일이 없다.

흰콩 준비하기

콩 국물 만들기

야채 준비하기

수수 가루 만들기

수수 경단 빚기

경단 삶기

국수 삶기

상 차리기

잔치국수

쇠고기 국물을 내서 국물에 만 다음 색색의 고명을 얹어 내는 국수.
국물과 고명만 따로 준비해 두면 쉽고 빠르게 상을 차릴 수 있다.

449 kcal

재료

소면	400g	불린 표고버섯	3개
쇠고기	150g	청 · 홍고추 실채	조금씩
다시마 우린 물	7컵	간장	조금
황백 지단	1개 분량	소금	조금
애호박	1/3개	후춧가루	조금

만들기

* **국물 끓이기** 쇠고기는 분량의 다시마 물을 부어 끓인다. 이때 떠오르는 불순물과 기름은 걷어내면서 서서히 끓여 준다. ⋯⋯ 1

* **육수 간하기** 푹 끓인 고기는 건져내고 육수는 베보에 내려 간장과 소금으로 간을 맞춘다. ⋯⋯ 2

* **편육 · 호박 준비하기** 건져둔 쇠고기는 얇게 저며 편육으로 썰고, 애호박은 0.3cm의 두께로 어슷하게 저며 채썬 다음 소금을 약간 뿌려 준다. ⋯⋯ 3

* **표고버섯 준비하기** 표고버섯은 기둥을 잘라내고 물기를 짜준 다음 채썰어 소금 · 후춧가루 · 참기름으로 무친다. ⋯⋯ 4

* **야채 볶아내기** 물기를 닦은 애호박과 무친 표고버섯을 참기름으로 볶아낸다. ⋯⋯ 5

* **황백 지단 만들기** 달걀을 흰자와 노른자로 나눠서 부쳐 황백 지단을 만든 다음, 5cm 길이로 채썬다. ⋯⋯ 6

* **그릇에 담기** 삶은 소면은 따뜻한 그릇에 사리를 지어 담고, 애호박 볶음과 표고버섯 볶음, 황백 지단, 청 · 홍고추 실채를 올려 담는다. ⋯⋯ 7

* **상 차리기** 모든 고명을 얹은 그릇에 편육을 돌려 담고, 간을 맞춘 따뜻한 육수를 넉넉하게 부어 낸다. ⋯⋯ 8

요리 포인트

Q 담백하고 깔끔한 국수 국물을 만들기 위한 적절한 간 맞추기 요령은?

●● 잔치국수는 이미 각각 간이 된 고물이 올라가므로 국물 맛은 최대한 담백하게 내야 한다. 때문에 베보에 내린 육수에 한 스푼 정도의 간장을 넣어 국물의 색깔을 맞추고, 간은 소금으로 한다. 다시마 물에 끓인 육수는 기름이 돌지 않도록 베보에 내리고 간장은 색깔을 내는 정도로만 넣어준다.

국물 끓이기

육수 간하기

편육 · 호박 준비하기

표고버섯 준비하기

야채 볶아내기

황백 지단 만들기

그릇에 담기

상 차리기

냉메밀국수

오이냉국소면말이

[냉메밀국수]

재료

젖은 메밀국수 · · · · · · · · · · · 450g
물에 갠 와사비 · · · · · · · · · 1큰술
무 · · · · · · · · · · · · · · · · · · · 150g
송송 썬 대파 · · · · · · · · · · 1/4컵
적채 · 무순 · 쑥갓 · · · · · · · · 조금씩
얼음 · · · · · · · · · · · · · · · · · 조금

국수 국물
멸치 다시마 물 · · · · · · · · · · · 5컵
가다랭이포 · · · · · · · · · · · · 1/3컵
간장 · · · · · · · · · · · · · · · · 4큰술
청주 · · · · · · · · · · · · · · · · 2큰술
조미술 · · · · · · · · · · · · · · · 1큰술

만들기

335 kcal

* **야채 준비하기** 무는 껍질을 벗긴 다음 강판에 갈아 체에 담아 물기를
빼 주고, 대파는 송송 썰어 준다. 적채 · 무순 · 쑥갓은 잘 다듬어
준비한다.

* **국물 내기** 멸치 다시마 물이 끓을 때 가다랭이포를 넣고 3~5분 정도
끓이다가 간장, 청주, 조미술로 간을 맞춰 한소끔 더 끓인 다음 식힌다.

* **국물 보관하기** 식힌 국수 국물은 냉장 보관하여 차갑게 준비해 둔다.

* **메밀국수 삶기** 젖은 메밀국수를 끓는 물에 넣고 7~8분 정도 삶아
건진 후 찬물에 씻어 물기를 빼고 그릇에 담는다.

* **상 차리기** 메밀국수 위에 무와 대파, 적채, 쑥갓, 무순, 와사비를 올려
담고 국물을 부은 뒤 얼음을 띄워 낸다.

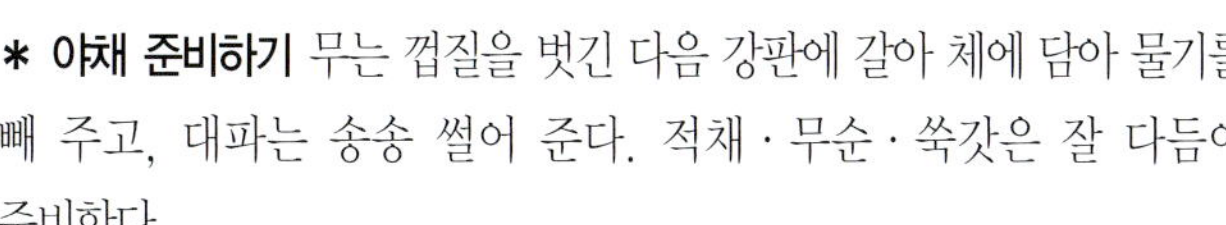

국물 내기

메밀국수 삶기

메밀국수의 재료를 준비할 때 지켜야 할 것은 ?

●● 메밀 국수에 들어가는 모든 재료는 면의 두께와 비슷하게
가늘게 썰어야 국수와 함께 먹기에 좋다. 소스에 넣을 무는 껍질을
벗겨 강판에 곱게 갈아서 준비하고 마른 김이나 생미역을 다져 넣으면
더욱 신선한 맛을 즐길 수 있다.

시원한 오이냉국 맛을 내려면?

●● 오이를 채썰어 그릇에 담고 고춧가루, 식초, 다진 마늘, 설탕,
소금 등을 넣고 고루 섞는다. 양념 맛이 어느 정도 배어들도록
잠시 기다린다. 양념된 오이에 생수를 넣고 냉장고에 넣어 차게
식힌다.

오이 양념하기

오이 냉국 만들기

[오이냉국소면말이]

재료

소면 · · · · · · · · · · · · · · · · 200g
오이 · · · · · · · · · · · · · · · · · 1개
굵은 소금 · · · · · · · · · · · · · · 조금
고춧가루 · 식초 · · · · · · · · · 1큰술씩
다진 마늘 · · · · · · · · · · · · 1작은술
설탕 · · · · · · · · · · · · · · · 1/2작은술
소금 · · · · · · · · · · · · · · · · 조금
생수 · · · · · · · · · · · · · · · · · 4컵

만들기

372 kcal

* **오이 준비하기** 오이는 굵은 소금으로 껍질을 박박 문질러 씻어 헹군
후 가늘게 채썬다.

* **오이 양념하기** 넓은 그릇에 채썬 오이와 고춧가루, 식초, 다진 마늘,
설탕, 소금을 넣어 골고루 섞어 준다.

* **오이 냉국 만들기** 양념한 오이에 생수를 넣어 고루 섞은 후 냉장고에
넣어 차게 식힌다.

* **국수 삶기** 끓는 물에 소면을 넣어 끓어오르면 찬물 한 컵을 냄비
가장자리로 붓고 계속 끓이다가 다시 한 번 끓어오르면 건져 찬물에
헹궈 준비한다.

* **상 차리기** 국수를 그릇에 담고 차게 식힌 오이 냉국을 부어 낸다.

찬소면

매운국수전골

[찬소면]

재 료

소면 · · · · · · · · · · · · · 300g
와사비 · · · · · · · · · · · · 조금
파 · · · · · · · · · · · · · · 조금

소면 쯔유
물 · · · · · · · · · · · · · · · 4컵
맛술 · · · · · · · · · · · · · · 1컵
연한 간장 · · · · · · · · · · · 1컵
소금 · · · · · · · · · · · · · · 1/4컵
가다랭이 · · · · · · · · · · · 30g

장식용 야채
오이 · 단풍잎 · 남천잎 · · · · · 조금씩

만들기

381 kcal

* **소면 쯔유 만들기** 냄비에 분량의 소면 쯔유의 재료를 넣고 강한
불에서 끓이다가 약한 불에서 1~2분간 더 끓인다. 불을 끈 뒤 거품을
걷어 낸다.

* **소스 준비하기** 소면 쯔유가 식을 때까지 그대로 둔 후 가다랭이를
가라앉히고 체에 걸러 차게 식힌다.

* **소면 삶기** 끓는 물에 소면을 넣어 끓어오르면 찬물을 부어 한소끔 더
끓인 후 찬물에 헹궈 건진다.

* **소스 재료 준비하기** 파는 송송 썰어 준비하고, 와사비는 깎아서
갈거나, 시중에서 파는 것을 준비한다.

* **상 차리기** 소면을 큰 그릇에 담고, 와사비와 파를 함께 내어 소스에
담가 먹는다.

소면 쯔유 만들기

소스 준비하기

소면을 좀더 맛있게 삶으려면?

●● 소면을 삶을 때는 한번 끓어오를 때 찬물을 냄비 가장자리에
붓고 한소끔 더 끓여 주는 것이 포인트. 물의 양을 충분하게 하고
끓으면 면이 끊어지지 않도록 조심스럽게 건져낸다. 소면을 건지는
일식 조리기구를 사용하면 흘러내리기 쉬운 면을 쉽게 건질 수 있다.

요리포인트

전골 국물을 맑게 끓이는 방법은?

●● 끓는 전골 국물에 익히지 않은 국수를 넣어 끓이면 익는
시간도 오래 걸리고 국물이 탁해지고 걸쭉해진다. 다른 재료의
맛을 살리면서 먹으려면 미리 살짝 삶아둔 소면을 넣어서 오래
끓이지 말고 먹는다.

쇠고기 양념하기

야채 준비하기

[매운국수전골]

재 료

쇠고기 불고깃감 · 생소면 · · · 200g씩
표고버섯 · · · · · · · · · · · 150g
당근 · · · · · · · · · · · · · · 60g
배춧잎 · · · · · · · · · · · · · 3장
붉은 고추 · · · · · · · · · · · 2개
대파 · · · · · · · · · · · · · 1/3줄기
다시마 국물 · · · · · · · · · · 6컵

쇠고기 양념
생강즙 · · · · · · · · · · · · 2큰술
국간장 · · · · · · · · · · · · 1큰술
후춧가루 · 참기름 · · · · · · · 조금씩

전골 양념
고춧가루 · · · · · · · · · · 2와1/2큰술
국간장 · · · · · · · · · · · · 2큰술
다진마늘 · · · · · · · · · · · 1큰술
참기름 · 소금 · · · · · · · · · · 조금씩

만들기

261 kcal

* **쇠고기 양념하기** 쇠고기는 불고깃감으로 준비하여 한입 크기로 저며
썬 후 분량의 양념으로 재워둔다.

* **야채 준비하기** 배춧잎은 4cm의 폭으로 크게 썰고 표고버섯은
모양대로 도톰하게 저며 썬다. 당근은 얇게 저며 썰고 붉은고추는
채썰고, 대파는 어슷 썰어 준비한다.

* **생소면 삶기** 넉넉한 끓는 물에 생소면을 넣고 젓가락으로 휘저어준 후
살짝 삶아 물에 헹구어 건진다.

* **전골 재료 끓이기** 전골 냄비에 배춧잎을 깔고 국수를 제외한 재료들을
보기 좋게 돌려담고 다시마 국물을 부은 후 전골 양념 섞은 것을 얹어
끓인다.

* **상 차리기** 쇠고기와 채소가 익으면 생소면 삶은 것을 넣고 살짝 더
끓인 후 1인분씩 덜어 담는다.

사천탕면

열무김치수육냉국수

[사천탕면]

재료

소면	240g
돼지고기 등심	50g
전복	1개
표고	2장
오징어	1/2마리
홍합	4개
양파 · 대파 · 죽순	1/2개씩
청경채	2~3포기
붉은고추	1개

국물 양념

다진 마늘	1큰술
다진 생강	1/2작은술
고추기름	1큰술
청주	2큰술
육수	4컵
국간장	1큰술
소금 · 후춧가루 · 식용유	조금씩

만들기

＊ 재료 손질하기 돼지고기와 오징어는 채썰고 표고, 죽순, 전복은 얇게 편으로 썬다. 홍합은 깨끗이 손질해 둔다.

＊ 야채 준비하기 양파, 대파는 채썰고, 붉은고추는 어슷 썰고, 청경채는 4cm의 길이로 자른다.

＊ 재료 볶기 팬에 식용유와 고추기름을 두르고 마늘, 생강, 파를 먼저 볶은 후 돼지고기와 고추, 양파를 넣고 완전히 볶아 익힌다.

＊ 국물 만들기 육수를 부어 끓기 시작하면 간장, 청주, 소금을 넣어 간을 맞추고 한소끔 끓으면 남은 해물과 야채를 넣어 다시 한 번 끓인다.

＊ 상 차리기 국수를 삶아 건져 낸 다음 그릇에 담고 준비한 국물을 부어 낸다.

406 kcal

재료 볶기

국물 만들기

중국요리를 보다 간편하게 하려면?

●● 대부분의 중국요리는 볶고 튀기는 요리가 많다. 속이 깊고 우묵한 중국팬을 사용하면 많은 양을 한꺼번에 넣어 빠른 시간 내에 요리를 완성할 수 있다.

요리 포인트

만들어 놓은 육수를 활용할 수 있는 요리는?

●● 배를 갈아넣은 찬 육수를 열무물김치에 섞어 주면 냉국수, 냉면, 냉수제비, 냉국밥 국물로 사용할 수 있다. 열무김치에 약간의 발효겨자와 설탕, 식초를 넣어주면 냉면 국물의 쨍한 맛을 낼 수 있다.

육수 간하기

열무김치 육수 만들기

[열무김치수육냉국수]

재료

소면	400g
열무김치	3컵
배	1/3개
설탕	2큰술
소금	조금
대파	조금
청 · 홍고추	조금씩
얇은 쇠고기	80g
달걀말이	1개 분량
물	3컵

만들기

＊ 쇠고기 삶기 3컵 분량의 물을 끓인 후 얇은 쇠고기를 넣었다 익혀 건지고 국물은 기름을 걷어내고 베보에 내려 차게 식힌다.

＊ 육수 간하기 베보에 내린 육수에 소금, 설탕을 넣어 간을 맞추고 배를 갈아넣는다.

＊ 열무김치 육수 만들기 열무김치에 간을 맞춘 육수를 넣고 섞어 차게 보관한다.

＊ 소면 삶기 소면을 삶은 뒤 그릇에 얼음을 담고 소면과 쇠고기를 함께 담는다.

＊ 상 차리기 소면에 달걀말이, 송송 썬 대파와 청 · 홍고추를 올려 담고 준비한 열무김치 육수를 부어 낸다.

469 kcal

삼선짬뽕

새우, 오징어, 해삼 등 갖가지 해물을 푸짐하게 넣고 얼큰하게 끓인
삼선짬뽕. 입맛 없을 때 별식으로 준비하면 환영받는다.

재료

481kcal

생소면	300g	대파	1/2뿌리
갑오징어	1마리	생강채 · 부추	조금씩
불린 해삼	1/3마리	육수	6컵
새우	6마리	청주	1큰술
돼지고기	100g	간장	2큰술
배춧잎	1잎	소금 · 후춧가루	1큰술씩
양파	1/3개	식용유 · 고춧가루	1큰술씩
당근 · 조갯살	30g씩	참기름	조금

만들기

* **갑오징어 손질하기** 갑오징어는 껍질을 벗겨 내고 일자로 칼집을 넣어준
후 얇게 저며 썬다. ……1

* **해삼 · 새우 손질하기** 불린 해삼은 어슷하게 얇게 저며 썰고 새우는
내장을 빼내고 껍질을 벗겨 준다. ……2

* **돼지고기 · 조갯살 손질하기** 돼지고기는 5~6cm 길이로 채로 썰고
조갯살은 조갯살의 부푼 부위를 위에서 눌러 내장을 짜낸다. ……3

* **야채 썰기** 양파와 당근은 5cm의 길이로 썰고, 0.4cm의 폭으로 얇게
저며 썰어 준다. 대파도 같은 크기로 썰어주고 부추는 5cm의 길이로 썬다. ……4

* **돼지고기 볶기** 깊은 팬에 식용유를 두르고 생강채를 넣고 볶다가
돼지고기채를 볶은 후 고춧가루를 넣어준다. ……5

* **해물 넣어 볶기** 고춧가루를 넣은 팬에 오징어, 해삼, 새우, 조갯살을
넣고 볶은 후 청주와 간장을 넣어 골고루 섞어준다. ……6

* **삼선짬뽕 국물 만들기** 단단한 야채 순으로 넣고 강한 불에서 가볍게
볶아준 다음 육수를 넣고 끓여 간을 맞추고 참기름을 조금 뿌려 준다. ……7

* **상 차리기** 생소면을 삶아 씻어 따뜻한 그릇에 담고 준비한 삼선짬뽕
국물을 부어 낸다. ……8

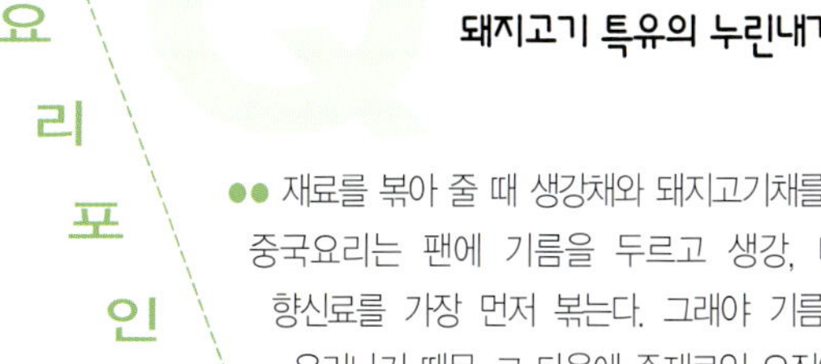

요리 포인트

돼지고기 특유의 누린내가 걱정된다면?

●● 재료를 볶아 줄 때 생강채와 돼지고기채를 먼저 볶는다. 거의 모든
중국요리는 팬에 기름을 두르고 생강, 마늘, 대파, 고추 등의
향신료를 가장 먼저 볶는다. 그래야 기름에 향신료의 맛과 향이
우러나기 때문. 그 다음에 주재료인 오징어, 해삼, 새우 등을 넣고
볶다가 단단한 야채 순으로 넣는다.

갑오징어 손질하기

해삼 · 새우 손질하기

돼지고기 · 조갯살 손질하기

야채썰기

돼지고기 볶기

해물 넣어 볶기

삼선짬뽕 국물 만들기

상 차리기

재료 다듬기 요령

똑같은 재료에 똑같은 양념을 쓰는데도 좀처럼 제대로 된 맛을 내기 어렵다면 손끝을 의심해 볼 일. 같은 재료라도 어떻게 다듬고
준비하느냐에 따라 큰 차이를 만들 수 있기 때문이다. 보기에도 멋스럽고 맛또한 일품인 요리로 가는 지름길, 여기 모았다.

부추, 양배추 등의 엽채류 볶기

··· **질긴 부분부터 볶기** 부추처럼 잎의 두께가 균일하지 않은 채소를 볶을 때는 질긴 부분은 먼저, 부드러운 부분을 나중에 볶아준다. 간을 맞출 때는 익지 않은 상태에서 소금을 넣어야 제 맛이 난다.

··· **가장 마지막에 볶기** 양배추를 볶음으로 요리할 때는 익히는 순서에 신경써야 한다. 양배추는 생으로 먹을 수도 있고, 씹히는 맛이 좋기 때문에 재료 중에서 가장 마지막에 넣는다. 미리부터 넣으면 양배추가 뭉그러지게 되어 맛이 떨어지게 된다.

야채 볶기

··· **단단한 재료부터 볶기** 뜨겁게 달군 팬에 당근이나 우엉, 죽순처럼 단단한 것부터 넣고 볶는다. 색깔을 살려야 하는 피망이나 파 등의 푸른 야채는 맨 마지막에 넣어 볶는다.

··· **재빨리 볶기** 볶음을 할 때는 팬을 뜨겁게 달구어 재빨리 볶아내야 한다. 그래야 영양의 손실도 줄어들고 맛도 더 좋다.

··· **거의 익었을 때 간하기** 볶음 요리를 할 때 간은 재료가 70% 정도 익었을 때 맞추는 것이 좋다. 간장으로 간을 맞출 때 팬의 가장자리로 간장을 흘려 넣으면 독특한 풍미를 낸다.

볶음 요리의 기본

··· **재료 일정하게 썰기** 볶음재료는 일정한 크기로 썬다. 재료의 크기가 같아야 익는 속도가 비슷해져서 단숨에 익힐 수 있다.

··· **프라이팬 달구기** 프라이팬은 뜨겁게 달군 다음 기름을 골고루 두르고 재료를 볶는다. 프라이팬이 뜨겁기 전에 재료를 넣고 볶으면 익히는 데 시간도 많이 걸리고 색깔과 맛도 볼품이 없어진다.

··· **향신료 먼저 볶기** 주재료를 볶기 전에 마늘이나 생강, 양파와 같은 향이 나는 것을 먼저 볶는다. 그래야 주재료에 양념의 향이 섞여 더욱 감칠맛이 난다.

브로콜리 손질하기 & 삶기

··· **브로콜리 손질하기** 줄기의 끝부분은 단단하므로 잘라내고 작은 송이로 나눌 때는 칼 끝으로 한 줄기씩 잘라내고 손으로 만져 보아 부드러운 줄기까지만 사용한다. 큰 송이를 사용할 때는 줄기 밑동에 열십자로 깊게 칼집을 넣어서 줄기를 갈라 놓는다.

··· **브로콜리 삶기** 끓는 물에 재빨리 삶는 것이 포인트. 소금을 넣고 삶아야 영양분의 손실도 적고 색깔도 선명하다. 삶은 후에는 재빨리 찬물에 담가 식힌 후 체에 밭쳐 물기를 빼고 요리에 사용한다.

다시마 손질하기

··· **다시마 손질하기** 말린 다시마는 물에 씻으면 맛이 빠지므로 젖은 행주로 표면의 더러움을 가볍게 닦아낸다.

··· **다시마 국물내기** 다시마 국물을 낼 때는 적당한 크기의 다시마를 찬물에 잠시 담갔다가 끓인다. 다시마 국물을 미리 만들어 놓으려면 하루 전날 만들어 냉장고에 보관한다. 남은 다시마 국물은 곧바로 밀폐 용기에 넣어 냉동실에서 보관한다.

시금치 & 감자 데치기

··· **시금치 데치기** 시금치와 같은 푸른 잎 채소들을 잘 삶으려면 우선 물을 넉넉하게 붓고 소금을 조금 넣은 끓는 물에 재빨리 데쳐내야 야채의 색이 선명해진다. 또한 뚜껑은 연 상태로 삶아야 시금치가 뭉그러지지 않는다.

··· **감자 데치기** 감자는 볶음요리에도 많이 쓰이는데 종종 채를 썰어 데쳐서 사용하기도 한다. 감자채는 약간 얇게 채 써는 것이 맛도 좋고 데칠 때도 잘 익는다. 감자채를 썰 때는 굵기가 일정하게 나오도록 조금 천천히 썬다. 감자채를 데칠 때 푹 익히면 맛도 떨어지고 부서지기가 쉽다. 약간 사각사각하는 정도록 데쳐 내면 씹는 맛도 좋아진다.

육류 부위별 손질하기

··· **돼지고기 손질하기** 냉동된 고기는 조리하기 1시간 전에 냉장고에서 꺼내 실온에 둔다. 또 고기를 오래 익히면 고기의 육질이 단단해지고 맛도 없어지므로 얇게 썰어 얼른 익혀야 한다.

··· **쇠고기 손질하기** 부위에 따른 알맞

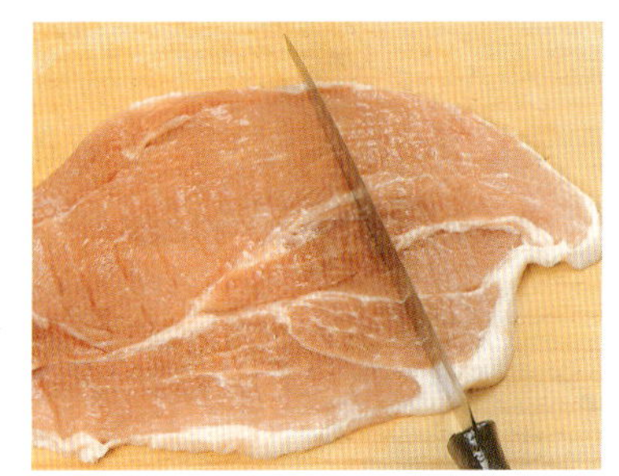

은 조리법은 음식의 맛을 살리는 비결. 질이 좋은 연한 살코기는 속에 있는 육즙이 흘러나오지 않도록 높은 온도에서 살짝 조리하여 풍미를 돋우고, 근육 부분은 약한 불에서 천천히 삶아야 살코기가 퍼석퍼석해지는 것을 막을 수 있다.

··· **닭고기 손질하기** 닭고기는 소금물에 데치면 더 쫄깃해진다. 소금을 넣고 데치면 닭고기의 수분만 바깥으로 나오고 육질 속에 있는 영양성분은 그대로 있기 때문. 이렇게 데치고 나서 볶으면 닭고기의 불필요한 수분이 모두 빠져나가 더욱 쫄깃거린다. 또한 닭고기 특유의 냄새를 없애고 닭살이 속까지 익을 수 있도록 닭살 군데군데 칼집을 넣어 익혀야 한다. 닭냄새를 없애기 위해서는 생강즙, 양파즙, 파, 마늘 등의 향신료로 버무려 재워 놓았다 조리하는 것이 좋다.

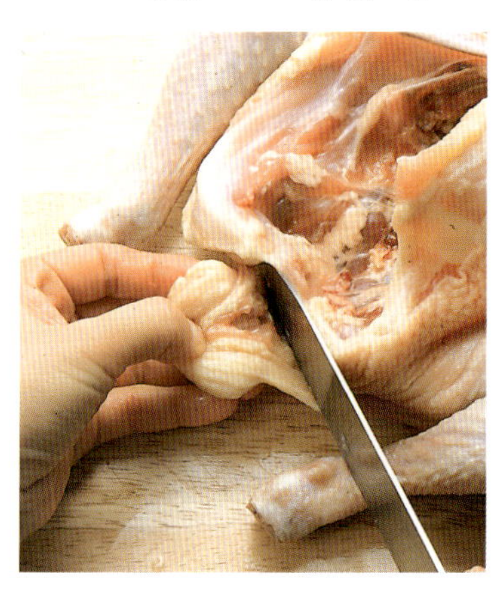

해물 손질하기

··· **새우 내장 빼기** 새우의 등이 둥그렇게 되도록 들고 세번째와 네번째 등 마디 사이로 대꼬치나 이쑤시개를 찔러 넣어 실 같은 검은 내장을 빼낸다. 새우를 저장할 때도 등의 창자를 빼고 팩에 담거나 랩에 싸서 냉동 보관하는 것이 좋다.

··· **오징어 손질하기** 오징어를 고를 때는 적갈색이나 유백색으로 몸통에 탄력이 있고 광택이 도는 것을 선택한다. 내장을 빼내어 버리고 흐르는 물에 잘 씻는다. 껍질을 벗겨 요리하려면 굵은 소금을 뿌리거나 면장갑을 끼고 껍질을 벗겨낸다. 다리쪽의 껍질은 칼로 살살 긁듯이 벗긴다. 내장을 꺼낼 때는 몸통과 다리가 붙어있는 아래부분에 손가락을 집어 넣어 내장이 붙은 부분을 떼어낸다. 몸통 안에서 떨어진 느낌이 들면 내장이 터지지 않게 조심하면서 잡아당긴다.

2

매콤·새콤·달콤 양념 국수

입맛 없을 때 가장 많이 찾게 되는 메뉴.
온갖 재료들을 비빔 양념에
섞어서 맛있게 차려내면 언제
그랬냐는 듯 한 그릇 뚝딱
해결하는 마법의 조리법이죠.
요즘 밥맛이 없어서 고민이라구요?
그럼 이렇게 따라해 보세요. 설탕 한큰술,
매운 양념 한큰술, 그리고 그 양념에 함께 맛있게
어울려줄 국수 한 묶음….

국수 삶기의 기초

국수를 삶을 때 가장 중요한 것은 면발을 쫄깃쫄깃하게 만드는 것. 그래야 어떤 양념을 하더라도 맛있는 국수 요리가 된다.
일반 소면, 칼국수, 냉면, 메밀국수 등 갖은 면을 맛있게 삶는 법을 알아보자.

소면 및 중면 삶기

1 넓은 냄비에 물을 넉넉하게 붓고 끓으면 국수를 부채모양으로 펼쳐서 헤쳐 넣는다. 국수를 다 넣은 다음, 젓가락으로 휘휘 저어준다.

2 하얀 거품이 끓어올라 넘칠 것 같으면 찬물을 1컵 붓는다.

3 찬물을 붓고 끓이다가 다시 한번 더 끓어오르면 재빨리 체에 쏟아 붓는다.

4 삶아 놓은 국수를 찬물에 넣고 식을 때까지 젓가락으로 젓는다. 어느 정도 식으면 손으로 비벼 씻어 사리를 지어 놓는다.

쌀국수

1 쌀국수는 뜨거운 물에서 삶는다. 소면보다 훨씬 늦게 익기 때문에 5분 이상 익혀 주어야 한다.

2 시간 여유가 많다면 쌀국수를 미지근한 물에 20~30분 정도 불린 다음 삶아준다.

3 불린 쌀국수는 건져서 그릇에 담아두고 먹기 직전에 뜨거운 물에서 1분 정도 살짝 데쳐 완성그릇에 놓고 웃기와 국물을 넣어 요리를 완성한다.

●● 소면 및 중면 삶기

●● 쌀국수 삶기

●● 칼국수 헤쳐놓기

칼국수

1 반죽을 할 때는 강력분과 박력분을 반씩 섞어서 그릇에 담고 소금물(물 1컵에 소금 1과 1/3큰술)을 붓는다.

2 반죽을 여러 번 치대서 매근하게 만든 다음 밀대로 밀어서 0.5cm두께로 만든다.

3 넓게 민 반죽은 세번 정도 접어 적당한 두께로 썰어서 달라붙지 않게 밀가루를 뿌려가면서 헤쳐 놓는다.

4 여분의 밀가루를 털어내고 국수의 6배 정도 되는 끓는 물에 넣어 젓가락으로 휘젓는다. 속이 투명하게 다 익었으면 찬물에 헹궈 건진다. 시판 국수를 사용할 때는 국수 표면에 녹말가루가 많이 붙어 있으므로 흐르는 물에 살짝 헹궈 끓인다.

냉면

1 젖은 냉면을 빨듯이 비벼서 뭉쳐 있는 면발을 가닥가닥 풀어준다.

2 면의 5배 정도 되는 충분한 양의 끓는 물에 풀어놓은 냉면을 훌훌 털어서 넣는다.

3 삶아지고 있는 냉면에 식용유를 1큰술 넣으면 면발이 쫄깃하다.

4 다 익은 면은 건져 흐르는 물에서 비벼가며 여러 번 헹군다.

5 면이 엉겨붙지 않도록 1인분씩 사리

를 지어 채반에 건져놓는다. 건면은 숙
면보다 오래 삶아야 하므로 3~4분 정
도 더 삶아준다.

메밀국수

1 면을 삶기전에 뭉치지 않도록 털어서
잘 펴준다. 그런 다음 충분한 양의 끓는
물에 늘어붙지 않도록 훌훌 털어서 넣
는다.

2 긴 젓가락으로 저어가며 끓이다가
한소끔 끓으면 찬물을 붓는다.

3 다시 한번 끓어오르면 또다시 찬물
을 붓는다.

4 면이 익었는지 젓가락으로 몇 가닥
건져 끓어보고 끓기면 체로 건져낸다.

5 건져낸 메밀국수는 얼음을 넣은 큰
볼에 넣어 아주 찬 물에서 헹궈준다. 그
러면 메밀국수만의 오돌오돌한 맛을 살
릴수 있다.

6 찬물에서 국수를 헹굴 때는 손으로

●● 냉면 삶기

●● 메밀국수 삶기

●● 졸면 비비기

●● 졸면 헹구기

비벼 빨듯이 주물러 준다. 그렇게 해야
메밀의 끈적한 전분기가 없어진다.

7 삶아 놓은 면은 서로 엉겨붙지 않도
록 사리를 지어 체에 밭쳐둔다.

쫄면 삶기

1 쫄면은 손으로 비벼서 붙어 있는 것
을 가닥가닥 떨어뜨려 놓는다.

2 냄비에 적당량 물을 부어 끓인 후
쫄면을 넣고 젓가락으로 저으면서 끓
인다.

3 쫄면이 부드러워지면 재빨리 건져
찬물에 헹구고 손으로 여러번 씻어서
건져 놓는다. 쫄면은 끓는 물에 넣고 재
빨리 데쳐내야 쫄면 특유의 질기고 쫄
깃한 맛을 살릴 수 있다.

4 옥수수 전분으로 만든 쫄면은 투명
하고 쫄깃한 면발이 특징. 때문에 삶은
쫄면에 물기를 없앤 뒤 참기름으로 살
짝 버무려 두면 그 맛을 더할 수 있다.

냉메밀국수(막국수)

양념한 메밀국수에 김치 국물을 부어 먹는 강원도 향토 음식인 막국수.
메밀은 밀가루 보다 아미노산이 풍부하여 성인병 예방에도 좋다.

재 료

320kcal

메밀국수	300g
배추김치	300g
무생채	조금
오이	1/2개
김치 국물	2컵

국수 양념

고춧가루	2큰술
간장 · 깨소금	1큰술씩
다진 파	2작은술
다진 마늘 · 참기름	1작은술씩
고추장 · 생강즙	조금씩

만들기

* **메밀국수 삶기** 메밀국수는 삶아서 냉수에 여러 번 헹구어 물기를 뺀
다음 사리를 지어 놓는다. 1

* **무 양념하기** 무를 얇게 채썰어서 고춧가루로 붉게 물을 들인 다음
식초와 설탕으로 양념하여 재워 둔다. 2

* **오이 절이기** 오이는 얇고 어슷하게 썰어 소금에 살짝 절인 뒤 한번 헹궈
물기를 꼭 짠다. 3

* **배추김치 양념하기** 배추김치는 속을 털고 1cm 폭으로 다져 참기름,
깨소금, 설탕으로 양념한다. 4

* **김치 국물 간하기** 김치 국물은 식초와 물을 조금 넣고 희석하여 슴슴한
김치 국물을 만든 다음 차게 둔다. 5

* **국수 양념 만들기** 분량의 고춧가루, 간장, 파, 마늘 등을 섞어서 국수
양념을 만든다. 6

* **메밀국수 양념하기** 메밀국수를 국수 양념으로 버무려 밑간을 한 다음
양념한 김치를 넣어서 고루 섞는다. 7

* **상 차리기** 그릇에 메밀국수를 한 주먹 분량씩 담고 무생채와 오이절임,
김치 양념을 올린 다음 차게 둔 김치 국물을 조금 부어서 낸다. 8

요리포인트

메밀국수를 미끌거리지 않고 쫄깃하게 삶으려면?

●● 메밀국수는 비교적 굵은 면발을 갖고 있으므로 끓는 물에 충분히
삶아 준 다음, 삶은 국수는 건져서 찬물에 헹군다. 헹굴 때는 면발을
손으로 바락바락 주물러 뿌연 물을 빼준다. 이렇게 하면 전분기도
없앨 수 있고 국수에 탄력이 생긴다. 마지막에 참기름을 조금
넣어 섞어주면 고소한 맛을 즐길 수 있다.

메밀국수 삶기

무 양념하기

오이 절이기

배추김치 양념하기

김치 국물 간하기

국수 양념 만들기

메밀국수 양념하기

상 차리기

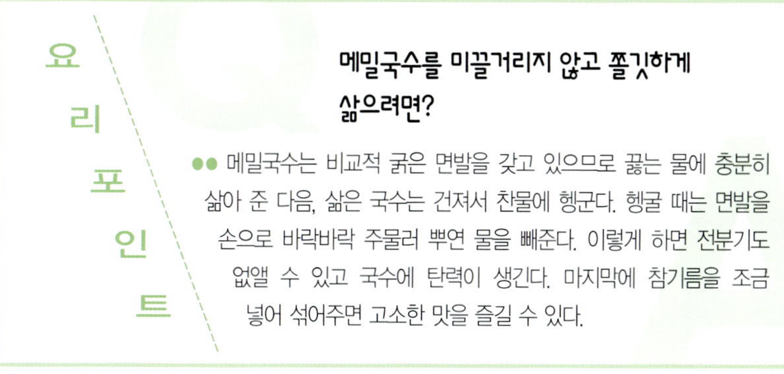

죽순채소면

각종 채소를 옆옆이 담고 소스를 끼얹어 먹는 쟁반국수. 매콤한
겨자소스에 식초 대신 매실즙을 넉넉히 넣어 새콤한 맛을 살린 것이 특징.

재 료

422kcal

죽순······ 중간 크기 2개(약 500g)
쇠고기(우둔)·숙주 ······ 100g씩
표고버섯 ······ 3개
미나리 ······ 50g
홍고추·달걀 ······ 1개씩

고기 양념

간장·설탕 ······ 2큰술씩
다진 파 ······ 3작은술

다진 마늘·참기름·깨소금 2작은술씩
후춧가루·쌀뜨물·마른고추 ·· 조금씩

쟁반 소스

육수 ······ 4컵
겨자 불린 것·설탕 ······ 2큰술씩
간장·소금 ······ 3큰술씩
매실즙(엑기스 시판용) ······ 6큰술
다진 마늘·참기름 ······ 1작은술씩

만들기

❋ 죽순 준비하기 죽순은 세로로 칼집을 넣어 쌀뜨물과 마른고추를 넣은
냄비에 1시간 정도 삶은 다음 껍질을 벗기고 반을 갈라 납작하게 썬다. ······ 1

❋ 쇠고기 준비하기 쇠고기는 기름기 없는 우둔으로 준비하여 삶아낸 뒤
가늘게 채썬 다음 고기 양념을 1/2 정도 넣어 재워둔다. 2

❋ 표고버섯 준비하기 표고버섯은 물에 불려서 기둥을 떼어내고 남은 고기
양념장으로 무친 다음 양념한 고기와 함께 달구어진 팬에 볶는다. ···· 3

❋ 미나리 준비하기 미나리는 깨끗이 다듬어 씻은 다음 소금을 조금 넣은
끓는 물에서 빨리 데쳐낸 후 바로 차가운 물에 식혀 4cm 길이로 썬다. 4

❋ 숙주 준비하기 숙주는 잘 다듬어서 미나리와 같은 방법으로 데쳐
식힌다. 숙주의 맛을 살리기 위해서는 많이 헹구지 않도록 한다. ···· 5

❋ 재료 담기 달걀은 황백으로 나누어 지단을 부쳐서 채썰고, 볶은 죽순과
준비한 재료들을 고루 섞어서 약간 깊이 있는 접시에 담는다. 6

❋ 소면 삶기 큰 냄비에 물을 붓고, 끓으면 국수를 넣어 삶아 헹궈 놓는다. ···· 7

❋ 상 차리기 분량대로 섞어 쟁반소스를 만들어 냉장고에 차게 보관했다가
모든 재료를 섞고 소스를 잘박하게 뿌려 낸다. 8

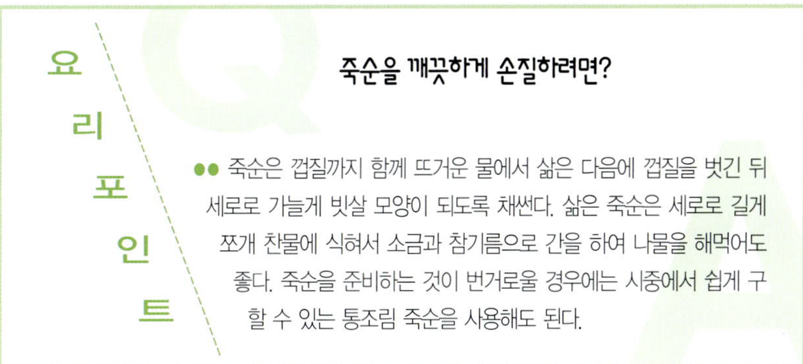

요리 포인트

죽순을 깨끗하게 손질하려면?

●● 죽순은 껍질까지 함께 뜨거운 물에서 삶은 다음에 껍질을 벗긴 뒤
세로로 가늘게 빗살 모양이 되도록 채썬다. 삶은 죽순은 세로로 길게
쪼개 찬물에 식혀서 소금과 참기름으로 간을 하여 나물을 해먹어도
좋다. 죽순을 준비하는 것이 번거로울 경우에는 시중에서 쉽게 구
할 수 있는 통조림 죽순을 사용해도 된다.

죽순 준비하기

쇠고기 준비하기

표고버섯 준비하기

미나리 준비하기

숙주 준비하기

재료 담기

소면 삶기

상 차리기

장아찌비빔면

주꾸미볶음국수말이

[장아찌비빔면]

재료

소면 또는 생소면 · · · · · · · · 400g
양파 작은 것 · · · · · · · · · · · 1/2개
장조림 고기 · · · · · · · · · · · 100g
풋고추장아찌 · · · · · · · · · · 10개
오이지 · · · · · · · · · · · · · · · 1/2개
홍고추 · · · · · · · · · · · · · · · · 1개
깻잎 · · · · · · · · · · · · · · · · · 4장

무침 양념
장조림 간장 · · · · · · · · · · · 4큰술
식초 · 고추기름 · · · · · · · · 2큰술씩
설탕 · 물엿 · · · · · · · · · · · 1큰술씩
깨소금 · · · · · · · · · · · · · · · 2큰술
참기름 · · · · · · · · · · · · · · 1작은술
단촛물(설탕 · 식초 · 소금 1큰술씩)

만들기

445 kcal

* **면 삶기** 생소면은 끓는 물에 3분 정도 삶아 건진 다음, 헹구지 말고 그대로 식히고 소면은 삶은 다음 찬물로 헹궈 준다. · · · · · 1

* **양파 준비하기** 양파는 곱게 채썰어 냉수에 담가 두어 매운맛을 뺀 다음 물기를 꼭 짠다. · · · · · 2

* **오이지 준비하기** 오이지는 얇게 송송 썰어서 단촛물에 담아 두어 짠맛을 뺀 다음 건져서 물기를 꼭 눌러 짠다. · · · · · 3

* **장조림 · 고추장아찌 준비하기** 장조림은 가늘게 찢어 두고, 고추장아찌는 얇게 송송 썰어 둔다. · · · · · 4

* **상차리기** 무침 양념은 분량의 재료를 섞어 준비하고, 건져 둔 면에 재료와 양념을 가볍게 버무려 담아 낸다. · · · · · 5

오이지 준비하기

장조림 · 고추장아찌 준비하기

장아찌의 맛을 살리기 그대로 살려 조리하려면?

●● 장아찌는 짠맛이 강하므로 먼저 짠맛을 줄여 준다. 오이지를 단촛물에 담가 두면 짠맛은 빠지고 달콤 새콤한 맛을 줄 수 있다. 먹기 직전에 재료와 양념을 넣고 버무려서 상에 올린다.

요리 포인트

물이 생기지 않게 주꾸미볶음을 하려면?

●● 처음 주꾸미를 손질할 때 굵은소금으로 주물러 씻어서 물기를 빼 건져 둔다. 양념을 넣고 주꾸미를 볶을 때 물을 너무 많이 넣지 말고 짧은 시간 안에 볶아서 주꾸미가 질겨지거나 재료에서 물이 나오지 않도록 한다.

주꾸미 손질하기

주꾸미 볶기

[주꾸미볶음국수말이]

재료

주꾸미 · · · · · · · · · · · · · · 400g
소면 · · · · · · · · · · · · · · · · 250g
대파 · · · · · · · · · · · · · · · · · 1/3
풋고추 · · · · · · · · · · · · · · · · 2개
붉은고추 · · · · · · · · · · · · · · 2개
식용유 · · · · · · · · · · · · · · · 조금
물 · · · · · · · · · · · · · · · · · 1/2컵

무침 양념
고춧가루 · · · · · · · · · · · · · 4큰술
다진 생강 · · · · · · · · · · · 2작은술
청주 · 고추장 · 설탕 · · · · · 1큰술씩
다진 마늘 · · · · · · · · · · · 1/2큰술
깨소금 · · · · · · · · · · · · · 1/2큰술
참기름 · · · · · · · · · · · · · 1/2큰술
간장 · · · · · · · · · · · · · · · 1/2큰술
후춧가루 · · · · · · · · · · · · · 조금
소금 · · · · · · · · · · · · · · · · 조금

만들기

342 kcal

* **주꾸미 손질하기** 주꾸미는 머리 쪽을 반으로 갈라 먹통과 눈을 잘라내고 굵은소금을 넣고 주물러 씻어 건진다. · · · · · 1

* **주꾸미 준비하기** 손질한 주꾸미를 머리 쪽은 두세 번 자르고 다리는 5cm의 길이로 먹기 좋게 자른다. · · · · · 2

* **야채 손질하기** 대파, 풋고추, 붉은고추는 어슷하게 썰고 양념에 들어갈 마늘과 생강은 곱게 다진다. · · · · · 3

* **양념 만들기** 분량의 재료를 고루 섞어 양념을 만든다. · · · · · 4

* **소면 삶기** 소면을 삶은 후 찬물에 헹궈둔다. · · · · · 5

* **주꾸미 볶기** 기름을 두른 팬에 주꾸미와 양념을 넣고 손질한 야채와 물을 넣어 볶는다. 오래 볶으면 질겨지므로 재빨리 볶아 소면에 곁들여 비벼 먹는다. · · · · · 6

김치비빔국수  • • • • • • • 두부국수

[김치비빔국수]

재료

김치 · · · · · · · · · · · · · · · 1/4포기
소면 또는 생소면 · · · · · · · · · 300g
냉동된 불고기 · · · · · · · · · · · 150g
깻잎 · · · · · · · · · · · · · · · · 10장
청 · 홍고추 · · · · · · · · · · · · 1개씩
설탕 · 식초 · · · · · · · · · · · 1/2큰술씩
깨소금 · 참기름 · · · · · · · · · · 조금씩
야채(오이 · 당근 · 배) · · · · · · 조금씩

만들기

417kcal

* **재료 준비하기** 김치는 송송 썰고, 불고기는 볶아 채썰거나 잘게 썬다.

* **야채 준비하기** 깻잎 · 홍고추 · 풋고추는 싱싱한 것으로 준비한 다음 흐르는 물에 깨끗이 씻어 송송 썰어 준다.

* **김치 양념하기** 미리 양념을 넣어야 맛이 잘 배고 맛도 부드럽기 때문에 준비한 김치에 송송 썬 고추와 설탕, 식초, 깨소금, 참기름을 넣고 무친다.

* **소면 삶기** 생소면은 끓는 물에 3분 정도 삶아 건진 다음 헹구지 말고 그대로 건져 식히고 소면은 삶은 다음 찬물로 헹궈준다.

* **국수 비비기** 양념한 김치에 삶아 건진 국수를 넣은 후 김치 국물을 조금 더 넣고 무친다. 이때 오이나 당근, 배 등을 채썰어 넣어 주면 더욱 좋다.

김치 양념하기

국수 비비기

양념 김치를 더욱 맛있게 준비하는 방법은?

●● 얼린 김치를 쓸 때는 자연 해동시키면 맛이 더욱 좋다. 그릇에 김치와 고추, 양념을 넣어 골고루 버무려 주는데, 미리 양념에 무쳐 두어야 간도 잘 배고 맛도 부드러워진다.

볶음 요리에 적당한 두부는?

●● 볶음요리나 튀김 요리에는 보통 두부를 쓰면 된다. 즉 일반 찌개나 국에 들어가는 두부와 같은 굳기의 두부면 된다. 덮밥류에는 조직이 연한 두부를, 물기를 제거하고 쓰려면 단단한 만두용 두부를 쓰면 좋다.

두부 양념 볶기

상 차리기

[두부국수]

재료

두부 · · · · · · · · · · · · · · · 400g
국수 · · · · · · · · · · · · · · · 200g
홍고추 · · · · · · · · · · · · · · · 2개

양념장

간장 · · · · · · · · · · · · · · · 3큰술
물 · · · · · · · · · · · · · · · · 2큰술
레먼즙 · · · · · · · · · · · · · · 2큰술
설탕 · · · · · · · · · · · · · · · 2큰술
참기름 · · · · · · · · · · · · · 1작은술

고명

볶은 땅콩 다진 것 · · · · · · · · 2큰술

만들기

362kcal

* **재료 손질하기** 두부는 사방 2.5cm 모양으로 썰고, 홍고추는 씨를 빼고 잘게 다진다.

* **국수 삶기** 국수는 삶아 찬물에 헹궈 물기를 뺀 후 두 번 정도 끊어 준다.

* **양념장 만들기** 간장 · 레먼즙 · 설탕 · 참기름 · 물을 준비한 분량의 양만큼 잘 섞어 양념장을 만든다.

* **두부 양념 볶기** 오목한 팬에 식용유를 두르고 두부가 갈색이 되도록 볶다가 국수와 양념장을 넣고 살짝 볶는다.

* **상 차리기** 그릇에 두부국수를 담고 볶은 땅콩 다진 것을 고명으로 얹는다.

볶음국수

볶은 국수에 카레가루를 넣고 버무려 먹는 퓨전 비빔국수. 늘 먹는 고추장
비빔국수 대신 가끔씩 이렇게 응용해 새로운 맛을 즐겨 보자.

재료

370kcal

넓적한 말린 쌀국수	150g	야채 육수	1/3컵
달걀	1개	껍질 벗긴 새우	1/4컵
다진 마늘	2큰술	햄	적당량
카레 가루	1큰술	매운 홍고추 다진 것	2큰술
청·홍피망	1/2개씩	간장	1큰술
당근	30g	소금·후춧가루·식용유	조금씩

만들기

*** 국수 삶기** 국수는 끓는 물에 4분 정도 삶아 끓어오르면 찬물을 부어
한소끔 더 끓이다가 찬물에 헹궈 건져낸다. ……1

*** 청·홍피망 다듬기** 청·홍피망은 반으로 잘라 속을 긁어내고 섬유질
반대 방향으로 얇게 저며 썬다. ……2

*** 재료 다듬기** 당근은 피망과 같은 길이와 폭으로 얇게 저며 썰고, 햄은
2.5cm의 사각으로 얇게 저며 썬다. ……3

*** 달걀 스크램블 만들기** 팬에 식용유를 두르고 달걀을 풀어 넣고
스크램블로 저어 익힌다. ……4

*** 식용유에 볶기** 깨끗한 팬에 식용유를 두르고 다진 홍고추와 다진 마늘을
넣고 볶는다. ……5

*** 야채에 카레 가루 넣기** 볶은 홍고추와 마늘에 분량의 카레 가루를 넣고
볶다가 새우와 햄, 야채를 넣고 볶는다. ……6

*** 육수 간하기** 카레 가루를 넣은 야채에 육수를 부어 끓이다가 간장과
소금, 후춧가루로 간을 맞춘다. ……7

*** 전체적으로 볶기** 간을 맞춘 육수에 삶은 국수를 넣고 볶아 저어준 후
달걀 스크램블을 뿌려 볶은 다음 그릇에 담아 낸다. ……8

요리 포인트

각종 야채를 보기 좋게 다듬어 내려면?

●● 청·홍피망은 반으로 갈라 지저분한 속을 긁어내고 섬유질 반대
방향으로 얇게 채썬다. 당근도 피망과 같은 크기로 채썰어서 깨끗한
느낌이 들게 한다. 볶음에 필요한 육수는 당근, 양파 등의 야채를
넣어 끓인 육수로 하거나 생수로 대신하도록 한다.

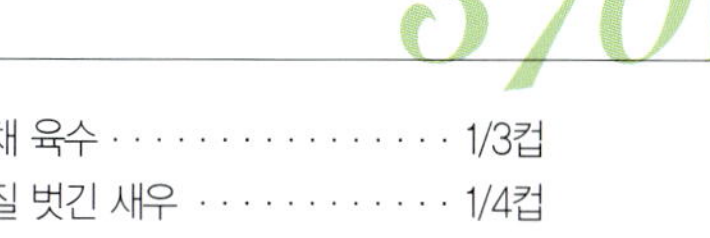

국수삶기

청·홍피망 다듬기

재료 다듬기

달걀 스크램블 만들기

식용유에 볶기

야채에 카레 가루 넣기

육수 간하기

전체적으로 볶기

닭고기카레국수

볶은 닭고기에 카레가루를 넣어 맛을 내고 우유를 부어 끓인 다음 국수에
끼얹어 먹는 베트남식 국수 요리. 가는 버미세리를 써야 제맛이 난다.

재료

554kcal

버미세리(가는 국수)	300g	생선소스	1큰술
닭고기	1/3마리	우유	1컵
고구마	1개	숙주	100g
양파	1/3개	중파	1뿌리
다진 마늘	1큰술	붉은고추	1개
카레 가루	2~3큰술	식용유 · 소금 · 후춧가루	조금씩
설탕	1/2큰술	레먼즙 · 민트 잎	조금씩

만들기

* **닭고기 손질하기** 닭고기는 기름부위를 잘라내고 작은 밤알 굵기로
토막낸다. ····· 1

* **고구마 준비하기** 고구마는 흐르는 물에 깨끗이 씻은 다음 껍질을 벗기고
닭고기와 비슷한 굵기로 썬다. ···· 2

* **야채 다듬기** 양파는 길이 3cm로 저며 썰고, 숙주는 꼬리를 자른 후 씻어
건진다. 중파는 어슷하게 길게 썰고, 붉은고추는 송송 썰어 씨를 제거한다. ···· 3

* **재료 볶기** 팬에 식용유를 두르고 다진 마늘과 양파를 넣고 볶다가
손질한 닭고기를 넣고 충분히 볶는다. ···· 4

* **카레 가루 넣기** 볶은 닭고기에 카레 가루를 넣고 볶다가 소금으로 간을
맞추고 분량의 설탕을 넣어 볶아 준다. ···· 5

* **우유 넣어 끓이기** 카레 가루를 넣은 닭고기에 생선소스를 뿌려 볶다가
우유를 넣고 레먼즙을 뿌려 끓여준다. ···· 6

* **고구마 익히기** 고구마는 식용유를 두른 팬에 노릇하게 볶아 끓인 우유에
넣고 조금 더 끓여준다. 손질해 놓은 숙주는 삶아둔다. ···· 7

* **상 차리기** 버미세리는 끓는 물에 3분간 삶아 그릇에 담고 닭고기 카레를
곁들여 담은 후 뜨거운 숙주와 청 · 홍고추, 민트 잎을 올려 낸다. ···· 8

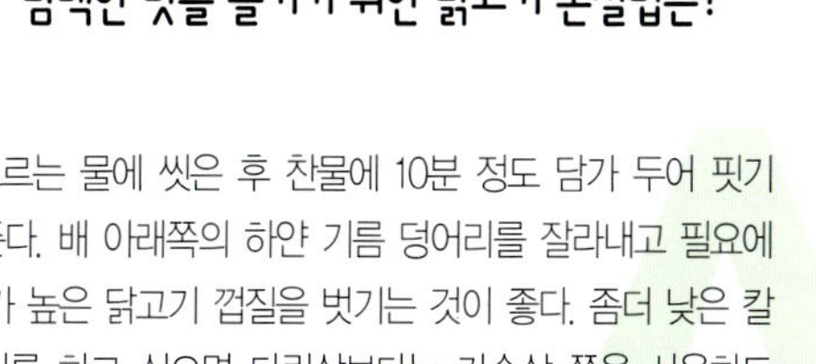

요리 포인트

담백한 맛을 즐기기 위한 닭고기 손질법은?

●● 닭고기는 흐르는 물에 씻은 후 찬물에 10분 정도 담가 두어 핏기
를 완전히 빼준다. 배 아래쪽의 하얀 기름 덩어리를 잘라내고 필요에
따라 칼로리가 높은 닭고기 껍질을 벗기는 것이 좋다. 좀더 낮은 칼
로리의 요리를 하고 싶으면 다릿살보다는 가슴살 쪽을 사용하도
록 한다.

닭고기 손질하기

고구마 준비하기

야채 다듬기

재료 볶기

카레 가루 넣기

우유 넣어 끓이기

고구마 익히기

상 차리기

골동면

삼국시대 이전부터 전해 내려오는 우리 전통 비빔국수. 간장양념장으로
국수를 버무린 후 고기, 숙주나물, 달걀지단 등 다양한 웃기를 얹어 낸다.

재 료

524 kcal

국수 · · · · · · · · · · · · · · · · 300g	**버섯나물 양념**
오이 · 달걀 · · · · · · · · · · 2개씩	다진 마늘 · 설탕 · 깨소금 · · 1/2큰술씩
쇠고기 · · · · · · · · · · · · · 100g	후춧가루 · 소금 · 참기름 · · · · · 조금씩
생표고 · 숙주 · · · · · · · · · · 200g씩	**오이나물 양념**
배 · 식용유 · 소금 · · · · · · · 조금씩	다진 마늘 · 깨소금 · 참기름 2작은술씩
	숙주나물 양념
쇠고기 양념	소금 · 참기름 · · · · · · · · · · 조금씩
간장 · 참기름 · · · · · · · · · · 1큰술씩	**국수 양념장**
설탕 · 다진 마늘 · 깨소금 · · 1/2큰술씩	송송 썬 실파 · 다진 오이 · · 1컵씩
후춧가루 · · · · · · · · · · · · · 조금	다진 마늘 · 참기름 · 깨소금 · · 2큰술씩
송송 썬 양송이 · · · · 1컵(60g)	간장 · · · · · · · · · · · · · · 7큰술
	설탕 · 고추기름 · · · · · · · 2~3큰술씩

만 들 기

✳ 오이 양념하기 오이는 송송 썰어서 소금에 살짝 절여 물기를 뺀 다음 팬에
다진 마늘을 넣어 파랗게 볶는다. 볶은 오이는 식힌 후 깨소금, 참기름에 무친다.

✳ 쇠고기 볶기 쇠고기는 채썰어 양념에 무쳐 팬에 볶은 뒤 차게 식힌다.

✳ 표고 손질하기 기둥을 떼고 끓는 소금물에 삶은 후 물기를 빼고 채썬다.

✳ 표고 무치기 잘 달구어진 팬에 식용유를 살짝 두르고 채썬 표고와
마늘을 넣고 볶아 차게 식힌 후 소금과 분량의 버섯나물 양념으로 무친다.

✳ 지단 부치기 달걀은 황백으로 나누어 지단을 부쳐 곱게 채썬 다음 배도
껍질을 벗겨 같은 굵기로 채썬다.

✳ 숙주나물 다듬기 숙주는 머리와 꼬리를 떼어내고 살짝 데쳐 소쿠리에
건져 물기를 없앤 다음 소금, 참기름에 무친다.

✳ 국수 양념장 만들기 분량의 재료를 합하여 양념장을 만든다.

✳ 상 차리기 국수를 잘 삶아 건진 후 물기를 없애고 국수 양념장으로 무쳐
국수 대접에 담고 준비한 갖은 재료들을 보기 좋게 올려 낸다.

오이 양념하기

쇠고기 볶기

표고 손질하기

표고 무치기

지단 부치기

숙주나물 다듬기

국수 양념장 만들기

상 차리기

요리포인트 Q 골동면이란?

●● 골동면은 옛날 궁궐에서 먹던 국수 요리로 국수에 양념을 하고 갖
가지 고명을 올려 내는 일품요리. 일반적인 비빔국수는 초고추장에
비벼먹지만 궁중요리에 들어가는 골동면은 간장 양념으로 소화를
도와주기도 한다. 색색깔의 고명만 잘 준비한다면 손님초대상에
도 좋은 메뉴.

정통비빔국수

비빔국수

[전통비빔국수]

재 료

소면 · · · · · · · · · · · · · · · · 350g
불린 표고버섯 · · · · · · · · · · · 3개
오이 · · · · · · · · · · · · · · · · · 1개
쇠고기 · · · · · · · · · · · · · · · 100g
황백 지단 · 식용유 · · · · · · · · 조금씩
청 · 홍고추 실채 · · · · · · · · · 조금씩
소금 · 후춧가루 · 참기름 · · · · 조금씩

비빔 양념장

간장 · · · · · · · · · · · · · · · · 3큰술
깨소금 · 참기름 · · · · · · · · · 1큰술씩

버섯 · 고기 양념장

간장 · · · · · · · · · · · · · · · · 1큰술
설탕 · 청주 · · · · · · · · · · · 1/2큰술씩
다진 파 · 다진 마늘 · · · · · · · 조금씩
깨소금 · 참기름 · · · · · · · · · 조금씩

만들기

413 kcal

✳ **표고버섯 준비하기** 표고버섯은 기둥을 잘라내고 채썬다.

✳ **오이 준비하기** 오이는 돌려깎기 해 두께 0.3cm, 길이 6cm로 썰고 소금을 조금 뿌려 둔다.

✳ **쇠고기와 표고버섯 버무리기** 채썬 쇠고기와 표고버섯채는 분량의 재료를 넣어 양념하고 지단은 채썬다.

✳ **재료 볶기** 팬에 식용유를 두르고 오이와 쇠고기, 표고버섯채를 넣어 각각 볶는다.

✳ **비빔 양념장으로 버무리기** 소면을 삶아 찬물에 씻어 건져 물기를 뺀 후 비빔 양념장으로 버무린다.

✳ **상 차리기** 비빔 양념장으로 버무린 소면에 오이채 볶음, 쇠고기 · 표고버섯채 볶음을 넣고 버무린 후 황백 지단채와 청 · 홍고추 실채를 고명으로 얹어 낸다.

오이 준비하기

비빔 양념장으로 버무리기

요리 포인트

국물 없이 담백한 국수 맛을 내려면?

●● 우선 야채를 볶을 때는 물이 생기지 않도록 한다. 소금 뿌린 감자와 애호박은 물기를 닦은 다음 빠른 시간 내에 볶아 주어야 물기 없이 볶을 수 있다. 여기에 간장과 참기름으로 국수에 간을 해 비벼 주는 것이 포인트.

국수가 빨리 불지 않고 쫄깃한 맛을 오래 유지할 수 있게 하려면?

●● 국수를 뜨거운 물에서 속까지 투명해지도록 삶은 다음 재빠르게 찬물에 헹군다. 물기를 빼낸 뒤 참기름에 한번 무쳐주면 국수가 불지 않고 훨씬 더 쫄깃거린다.

[비빔국수]

야채 참기름에 볶기

상 차리기

재 료

소면 · · · · · · · · · · · · · · · · 400g
부추 · · · · · · · · · · · · · · · · 100g
양배추 · · · · · · · · · · · · · · · · 1잎
감자 · · · · · · · · · · · · · · · · · 2개
애호박 · · · · · · · · · · · · · · · 1/3개
소금 · 후춧가루 · · · · · · · · · 조금씩
참기름 · 통깨 · · · · · · · · · · · 조금씩

비빔 양념장

고추장 · 설탕 · 식초 · · · · · · 4큰술씩
고춧가루 · 조림간장 · · · · · · 1큰술씩
다진 마늘 · 깨소금 · · · · · · · 1큰술씩
다진파 · 참기름 · · · · · · · · · 2큰술씩

만들기

539 kcal

✳ **부추 다듬기** 부추는 다듬어 씻어 4cm 길이로 썬다.

✳ **야채 준비하기** 양배추는 채로 짧게 썰고 오이는 어슷 썰어 0.3cm 굵기의 채로 썬다.

✳ **야채 채썰기** 껍질 벗긴 감자는 채로 썰고, 애호박은 길게 어슷 썰어 1cm의 폭으로 채썬다. 각각 약간의 소금을 뿌려 준다.

✳ **야채 참기름에 볶기** 소금을 뿌린 감자와 애호박은 물기를 닦은 다음 참기름으로 볶아낸다.

✳ **비빔 양념장 만들기** 고추장 · 고춧가루 · 다진파 · 참기름 등 준비된 분량의 재료를 섞어 매콤, 달콤한 비빔 양념장을 만든다.

✳ **상 차리기** 큰 쟁반에 삶은 국수와 양념한 감자 · 애호박 · 오이 · 양배추를 담고 비빔 양념장을 곁들여 낸다.

중국식굴소스국수

각종 야채와 돼지고기를 넣고 볶은 중국식 별미 국수. 생굴을 발효시켜
만든 소스가 음식 맛을 한결 살아나게 한다.

재 료

461 kcal

생소면 · 돼지고기 ······· 200g씩		마늘 ···············20g	
불린 표고 ·················3장		다진 생강 ··············3g	
셀러리 줄기 · 당근 ·······40g씩		청주 · 간장 · 설탕 ······1큰술씩	
양파 ····················70g		참기름 ··············2큰술	
숙주 ···················100g		후춧가루 · 굴소스 ·····적당량씩	
중국 부추 ················50g			
식용유 · 참기름 ·········조금씩		**돼지고기 양념**	
		간장 · 청주 · 녹말가루 ····1/2큰술씩	
볶음 양념		달걀 흰자 ············1/2개분	
대파 ···················30g			

만들기

＊ 생소면 준비하기 생소면은 잘 삶아 씻어 건진 후 참기름에 살짝 버무려
준비한다.

＊ 돼지고기 양념하기 돼지고기는 채썰어 분량의 간장 · 청주, 녹말가루,
달걀흰자를 넣어 양념에 재운다.

＊ 야채 다듬기 숙주는 머리와 꼬리를 떼어내고 중국 부추는 깨끗이 다듬어
씻어 5∼6cm의 길이로 자른다.

＊ 야채 썰기 불린 표고 · 당근 · 양파는 채썰고, 셀러리 줄기는 어슷하게
썬다.

＊ 돼지고기 익히기 식용유 2컵을 냄비에 담아 끓인 뒤 양념에 재운
돼지고기를 넣어 잠깐 동안 익혀 건진다.

＊ 재료 볶기 잘 달구어진 팬에 식용유를 두르고 대파, 마늘, 생강을 넣고
볶아 향이 나면 익힌 돼지고기를 넣고 청주와 간장을 넣어 맛을 낸다.

＊ 굴소스 넣기 돼지고기를 볶으면서 양파와 당근, 셀러리, 숙주, 부추를
넣은 후 설탕과 굴소스로 맛을 낸다.

＊ 생소면 넣어 볶기 굴소스를 넣어 볶은 재료에 국수를 넣은 다음
참기름과 후춧가루를 넣어 어우러지게 볶아 완성한다.

생소면 준비하기

돼지고기 양념하기

야채 다듬기

야채 썰기

돼지고기 익히기

재료 볶기

굴소스 넣기

생소면 넣어 볶기

요리 포인트

굴소스로 맛을 내려면?

●● 중국 요리의 볶음류에 많이 쓰이는 굴소스는 우리 나라의 간장보다
진하고 깊은 맛을 내는 소스로 각종 볶음요리에 활용된다. 맛이
진하므로 한꺼번에 많이 넣지 말고 간을 보면서 조금씩 넣는다.
경우에 따라 설탕을 약간 넣어주면 감칠맛을 더할 수 있다.

쟁반쫄면

쟁반국수

[쟁반쫄면]

재료

쫄면 · · · · · · · · · · · · · · · · 300g
쑥갓 · 양상추 · · · · · · · · · · · 40g씩
오이 · 배 · 깻잎 · · · · · · · · · 100g씩

양념장 A
통마늘 · · · · · · · · · · · · · · · · 10g
양파 · · · · · · · · · · · · · · · · · · 5g
배 · 사과 · · · · · · · · · · · · · · 30g씩
국간장 · · · · · · · · · · · · · 3과1/2큰술
통깨 · 사이다 · · · · · · · · · · 2큰술씩

양념장 B
고운 고춧가루 · 설탕 · · · · · · 2큰술씩
생강 가루 · · · · · · · · · · · · · · 조금

무침 양념
겨자 갠 것 · · · · · · · · · · · · · 1큰술
참기름 · 식초 · · · · · · · · · · 2큰술씩

만들기

*** 야채 준비하기** 오이, 배는 먹기 좋은 크기로 채썰고 양상추와 깻잎도 6~7cm 길이로 채썰어 준비해 둔다.

*** 쑥갓 준비하기** 쑥갓은 속고갱이만 준비하여 반 길이로 자른다.

*** 양념장 만들기** A양념장을 모두 믹서에 갈아 하루 정도 숙성시킨다. 숙성시킨 양념에 B의 고춧가루와 생강가루, 설탕 등 분량의 양념장을 넣어 맛을 낸다.

*** 양념장에 무치기** 접시에 준비한 채소들을 돌려 담고 쫄면을 잘 삶아 건져 차가운 물에 씻은 후 양념장에 무침 양념을 섞어 국수를 무친 다음 접시에 담는다.

_370_kcal

양념장 만들기

양념장에 무치기

쫄면에 함께 넣으면 맛이 나는 재료는?

●● 살짝 데친 콩나물은 씹는 맛을 더해주는 좋은 재료의 하나. 일반 분식점에서 많이 쓰는 양배추보다는 양상추와 오이를 넣으면 아삭한 맛이 더해진다. 깻잎은 향을 더해주므로 더욱 풍미를 높여 준다.

양념장을 더욱 매콤하게 만들려면?

●● 시중에서 쉽게 구할 수 있는 튜브형 겨자보다는 발효시킨 겨자가 매운맛이 강하다. 겨자를 개서 뜨거운 김을 쪄어 발효시키면 양념장에 넣었을 때 매콤하게 톡 쏘는 맛을 더한다. 겨자를 넣을 때는 뭉치지 않게 골고루 저어 준다.

야채 준비하기

비빔 양념 만들기

[쟁반국수]

재료

젖은 메밀국수 · · · · · · · · · · · 350g
오이 · · · · · · · · · · · · · · · · · 2개
당근 · · · · · · · · · · · · · · · · 1/2개
배 · · · · · · · · · · · · · · · · · · 1개
깻잎 · · · · · · · · · · · · · · · · 20장
상추 · · · · · · · · · · · · · · · · · 80g
파프리카 · · · · · · · · · · · · · · 1/4개

비빔 양념
육수 · · · · · · · · · · · · · · · · 1/2컵
실파 · · · · · · · · · · · · · · · · 2뿌리
고춧가루 · 설탕 · 식초 · · · · 4큰술씩
간장 · · · · · · · · · · · · · · · · 2큰술
소금 · · · · · · · · · · · · · · · · 2큰술
들깨 가루 · · · · · · · · · · · · · 3큰술
시판용 연겨자 · · · · · · · · · · 2큰술

만들기

*** 야채 준비하기** 준비한 야채는 모두 5cm 길이로 채썬 다음 싱싱하게 물에 담가 아삭한 맛이 나게 한다.

*** 비빔 양념 만들기** 분량의 비빔 양념을 모두 섞어 비빔 양념 소스를 준비한다.

*** 메밀국수 삶기** 메밀국수를 삶아 건진 후 흐르는 물에 손으로 문질러 전분기가 없어지도록 깨끗이 헹군 후 물기를 빼준다.

*** 재료와 함께 담기** 삶은 메밀국수를 준비된 재료와 함께 접시에 보기 좋게 담는다.

*** 상 차리기** 먹기 직전에 준비한 비빔 양념 소스를 뿌려 먹음직스럽게 접시에 담아낸다.

_272_kcal

오징어초회냉면

도미회냉면

[오징어초회냉면]

재 료

젖은 냉면 · · · · · · · · · · · 400g
오징어 · · · · · · · · · · · · · 2마리
깻잎 · · · · · · · · · · · · · · · 12장
청 · 홍고추 · · · · · · · · · · · 2개씩
양배추 · · · · · · · · · · · · · · · 1잎
실파 · · · · · · · · · · · · · · · 4뿌리
양파 · · · · · · · · · · · · · · · 1/2개
참기름 · 치커리 · · · · · · · · · 조금씩

초회 양념장

고춧가루 · · · · · · · · · · · · 1큰술
고추장 · · · · · · · · · · · · · · 2큰술
물엿 · · · · · · · · · · · · · · · 2큰술
다진 마늘 · · · · · · · · · · 1과1/2큰술
다진 생강 · · · · · · · · · · · · 작은술
깨소금 · 참기름 · 소금 · · · · · 조금씩

만들기

＊ 야채 준비하기 양배추는 5cm, 깻잎과 양파는 1cm 폭으로 채썬다. 실파는 5cm의 길이로 잘라 반으로 쪼개 썰고 청 · 홍고추는 어슷썰기를 한 후 씨를 털어낸다.

＊ 오징어 삶기 오징어는 껍질을 벗긴 다음 소금물에 씻어 건져 칼집을 촘촘히 넣고 끓는 소금물에 데쳐 0.5cm 두께로 썬다.

＊ 오징어 무치기 오징어와 양파를 초회 양념장으로 버무린 후 썰어 둔 깻잎, 청 · 홍고추, 양배추, 실파를 넣고 무친다.

＊ 냉면 삶아 버무리기 냉면을 삶아 건진 후 물기를 빼 참기름으로 버무린다.

＊ 상 차리기 그릇에 치커리 등의 야채를 깔고 냉면과 오징어 초회를 올리고 깨소금을 뿌려 낸다.

333 kcal

오징어 무치기

냉면 삶아 버무리기

요리 포인트

상을 차릴 때 먹음직스러운 냉면 모양을 살릴 수 있는 방법은?

●● 냉면을 양념장과 섞기 전에 참기름으로 골고루 버무려 준다. 참기름이 들어가면 면 자체의 고소한 맛을 더해주고 면이 빨리 불어 버리는 것을 막아 준다. 또한 윤기까지 살려 더욱 먹음직스러워 보인다.

감칠맛 나는 회무침 소스를 만드는 방법은?

●● 회무침 소스를 만들 때 꿀을 넣어 주면 맛이 한결 깊어진다. 그릇에 고추장, 식초, 설탕을 넣고 설탕이 완전히 녹을 때까지 잘 섞어 준 다음 꿀을 넣는다.

[도미회냉면]

도미 양념에 재우기

양념장에 버무리기

재 료

도미회 · · · · · · · · · · · · · 200g
냉면 · · · · · · · · · · · · · · · 400g
오이 · · · · · · · · · · · · · · · · 1개
배 · · · · · · · · · · · · · · · · 1/2개
무 · · · · · · · · · · · · · · · · 1/4개
단촛물(식초 · 설탕 · 소금 1큰술씩)

양념장 A

레몬즙 · · · · · · · · · · · · · 2큰술
배즙 · · · · · · · · · · · · · · · 1큰술

양념장 B

2배식초 · 설탕 · · · · · · · · 4큰술씩
고추장 · · · · · · · · · · · · · · 8큰술
꿀 · 간장 · 참기름 · 다진 마늘 · 1큰술씩
고춧가루 · · · · · · · · · · · · 2큰술
생강즙 · 양파즙 · 배즙 · · · · · 1큰술씩
연겨자 · · · · · · · · · · · · · 1/2큰술

만들기

＊ 무 단촛물에 절이기 무는 얇게 썰어서 식초 · 설탕 · 소금을 똑같은 양으로 섞어 놓은 단촛물에 재워 놓는다.

＊ 야채 썰기 배와 오이는 5cm길이로 곱게 채썬다.

＊ 도미 양념에 재우기 도미는 싱싱한 것으로 준비해 얇게 저민 후 양념장 A에 30분 정도 재운다.

＊ 양념장 만들기 분량의 재료를 골고루 섞어 양념장 B를 만든다.

＊ 양념장에 버무리기 재워 놓은 도미를 꼭 짠 후 섞어 놓은 양념장 B의 1/2을 넣어 버무려 냉장고에 차게 보관한다.

＊ 상 차리기 냉면을 삶아 그릇에 담은 후 준비한 재료들을 담고 기호에 따라 남은 양념장 B를 더 넣어 먹도록 한다.

545 kcal

음식재료 제대로 고르는 법 & 손질방법

가까운 수퍼마켓에서도 미리 손질되어 있는 반조리 식품을 살 수 있지만 신선도는 직접 알아볼 수 있어야 한다.
더 맛있고 쉽게 요리하기 위한 구입 및 손질방법을 알아보자.

쇠고기

… **고르는 요령** 살코기 부분이 선명한 붉은색을 띠고, 지방은 유백색으로 살코기 사이에 균일하게 퍼져 있는 것이 좋다.

… **손질 방법**

1 살코기 속에 섞인 기름기는 고기의 맛을 부드럽게 하지만 불필요하게 붙은 기름기는 떼어내고 조리한다.

2 덩어리 고기는 고기망치로 두들겨서 두께를 일정하게 한다. 섬유질을 끊어주어야 고기 맛이 부드러워지고, 구울 때도 열이 고루 전해진다.

3 덩어리 고기를 썰 때는 고기의 결과 직각이 되게 썬다. 고기 섬유질이 끊어져서 연하게 되기 때문이다.

4 고기를 채썰 때는 고깃결대로 썬다. 결과 반대방향으로 썰면 살이 부서져서 지저분해진다.

… **보관 방법** 구입 즉시 덩어리로 나누어 랩에 싸서 냉동보관한다. 쇠고기를 덩어리째 보관한 후 조리할 때마다 꺼내 녹였다가 다시 얼리면 수분이 빠져나가 맛이 없어지고 질겨지므로 용도별 또는 부위별로 구분한 후 이름표를 써 놓으면 훨씬 다양하게 요리에 이용할 수 있다.

돼지고기

… **고르는 요령** 지방은 희고 광택 있는 것일수록, 담홍색 살에 탄력이 있고 결이 고운 것일수록 신선한 것이다. 돼지고기 특유의 냄새는 청주나 양파, 정향 등을 이용하면 말끔하게 없앨 수 있다.

… **손질 방법**

1 찬물에 담가 핏물을 뺀 다음 요리에 이용한다.

2 칼집을 군데군데 넣어 주면 고기가 연해지고 익는 속도도 빨라 시간을 절약할 수 있다. 삶을 때 나오는 거품은 걷어내야 깔끔하다.

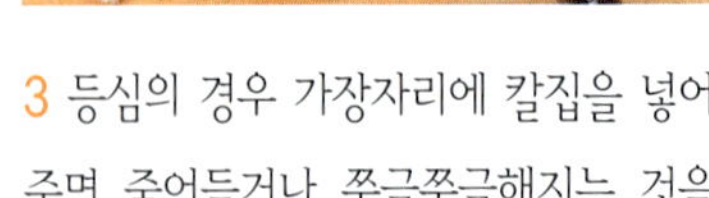

3 등심의 경우 가장자리에 칼집을 넣어주면 줄어들거나 쭈글쭈글해지는 것을 막아 모양을 유지시켜 준다.

… **보관 방법** 돼지고기는 장기간 보관하면 산패될 염려가 있으므로 냉동보관하더라도 빨리 먹는 것이 좋다. 랩으로 공기가 통하지 않게 싸는 것이 산패를 막는 비결. 얇게 썬 고기는 얼리면 떼어내기 어려우므로 사이사이에 쿠킹호일을 끼워주면 편하다.

닭고기

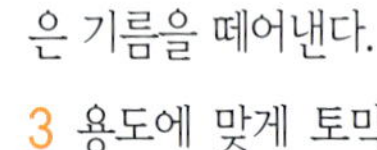

… **고르는 요령** 껍질에 주름이 많고 모공이 오돌도돌하게 표가 잘 나는 것이 신선하다. 껍질은 물론 지방에 광택이 있는 것으로 고른다. 닭은 담황색을 띠는 살이 붙은 것이 좋다. 또 고기와 껍질 사이에 적당히 지방이 있는 것이 연하며, 껍질이 투명하고 엷은 노란색을 띤 것이 신선하다. 가슴뼈를 만져보아 연골이 많을수록 어리고 육질이 부드러운 고기.

… **손질 방법**

1 닭을 살때 내장을 제거하는 등 손질해 왔어도 다시 한번 뱃속을 말끔히 긁어내고 씻어 물기를 뺀다.

2 닭은 의외로 기름기가 많으므로 꼬리 부분이나 가슴부분, 넙적다리 부분에 붙은 기름을 떼어낸다.

3 용도에 맞게 토막을 낸 다음 찬물에 담가 핏물을 빼고 조리한다.

… **보관 방법**

내장을 제거하고 말끔히 손질한 뒤 지퍼백과 같은 밀폐 비닐에 넣어 냉동보관한다. 닭고기는 쇠고기에 비해 상하는 속도가 빠르므로 한번 상온에 꺼내놓은 것은 되도록 빨리 먹는 것이 좋다. 먹을 양만큼 나눠서 보관하면 요리하다 남은 닭고기를 다시 냉동실에 넣는 일이 생기지 않는다. 닭고기를 간장, 술, 설탕에 잰 후 전자레인지에 가열하여 한김 식힌 후 랩에 싸서 냉동시켜 두면 한 달 정도는 안심하고 먹을 수 있다.

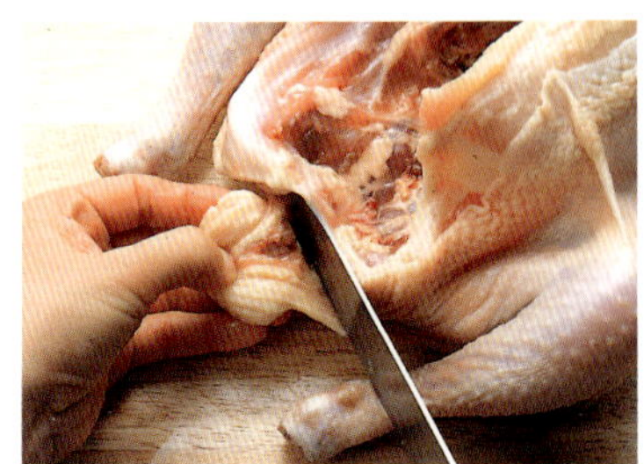

조개

··· 구입 요령 잡은 지 오래된 조개는 살이 빠져 있으므로 껍질 속에 살이 얼마나 차 있는지 살펴본다. 껍데기의 색이 선명하고 광택이 나는 것이 싱싱한 것. 냄새가 강하거나 만져봐서 살이 연하면 싱싱하지 않은 것이다.

··· 손질 방법

1 3%의 소금물에 넣은 다음 신문지를 덮어 어두운 곳에 하룻밤 놔두었다가 조개가 해감을 토하면 깨끗이 씻어서 지퍼백에 담아 냉동실에 넣어둔다. 단, 강과 바다가 접하는 곳에서 잡히는 꼬막은 맹물에 담가 두어야 한다.

2 해감을 뱉어놓은 데는 찬물보다는 20℃의 상온이 효과적이다.

3 조갯살은 상처가 나기 쉬우므로 손으로 주물러 씻지 말고 성긴 체에 담아 소금물에 살살 흔들어 씻어 물기를 뺀다. 소금을 뿌려 흐르는 물에 씻는 것은 미끈한 점액을 없애기 위한 것.

··· 보관 방법 조개는 구입 즉시 조리해야 가장 맛있다. 하루이상 보관할 때에는 그대로 두지 말고 젖은 신문지로 두껍게 싸서 그늘진 곳이나 냉장고에 보관한다. 대략 5일 정도는 보관할 수 있다. 물에 담가 보관하는 것은 좋지 않다.

굴

··· 구입 요령 유백색을 띠고 탄력이 있는 것이 신선한 것. 알이 굵고 통통해야 맛이 좋다. 살이 희끄무레하거나 검은테가 흐릿한 것은 물이 간 것으로 생식을 할 것이라면 굴이 껍데기에 붙어 있는 석화를 구입하는 것이 좋다. 11월부터 3월까지는 산란기로 이때의 굴이 맛있다.

··· 손질 방법

1 소금물에 굴을 담가 이물질을 제거한다. 또는 굴에 소금을 뿌린 다음 살살 섞듯이 씻는다.

2 몸통에 붙은 껍데기와 불순물을 떼어낸다.

3 찬 소금물에 두번 정도 헹구어 체에 건져 물기를 뺀다. 맹물에 씻으면 살이 붙는다.

··· 보관 방법 가장 쉽게 상하는 것이 굴이므로 보관에 각별히 유의해야 한다. 석화 상태의 굴이라면 냉장에서 5일 정도 보관이 가능하다.

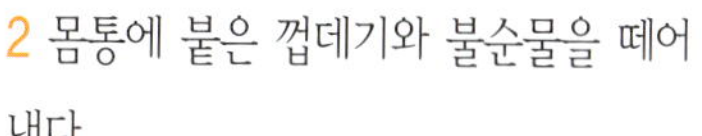

표고버섯

··· 구입 요령 갓 뒷면이 하얗고 주름이 선명하며 살이 두툼하고 자루가 짧은 것이 좋다. 갓이 거북의 등처럼 하얗게 쫙쫙 갈라진 것이 최상품. 색깔이 연한 갈색으로 진하지 않은 것이 좋다.

··· 손질 방법

1 자루와 갓을 떼어낼 때는 한손으로 갓을 잡고 다른 손으로 자루를 비틀면 쉽게 분리된다.

2 말린 버섯을 불릴 때는 뜨거운 물보다 찬물에 20분 정도 담가두는 것이 영양소 파괴가 적다. 그러나 미지근한 물에 설탕을 조금 넣으면 더 빨리 불릴 수 있다. 급하게 불려야 할 때는 그릇에 충분한 물을 담고 전자레인지에서 2분 정도 돌린다.

3 불린 표고버섯은 물기를 꼭 짠다.

4 마른 행주로 남은 물기를 제거한 후 용도에 맞게 썬다.

··· 보관 방법 버섯을 거꾸로 세워 냉장 보관한다. 수분을 싫어하므로 미리 씻거나 물에 불리지 않는다.

두부

··· 구입 요령 두부는 구입 즉시 바로 먹는 것이 좋다. 유백색을 띠고 있고, 냄새를 맡아 보았을 때 아무런 느낌이 없는 것이 신선한 것. 손으로 만져봤을 때 미끈거리는 것은 상하고 있는 중이라고 할 수 있다. 깨끗한 물에 담가 놓았는지 확인하고, 포장된 것은 날짜를 꼭 확인할 것.

··· 손질 방법

물에서 두부를 건져내면 탈수상태가 되어 맛이 떨어지므로 조리 전까지 물에 담가두고 포장된 두부는 그대로 냉장고 안에 넣어둔다. 두부 표면의 물기를 닦아내고 요리해야 두부가 부서지지 않는다.

··· 보관 방법 두부는 쉽게 상할 수 있으므로 반드시 냉장보관해야 한다. 구입 즉시 큰 볼에 물을 받아서 두부가 완전히 잠길 정도로 담근 후 냉장고에 보관한다. 다음날 먹지 못할 경우 물을 새로 갈아줘야 한다. 이렇게 보관하면 3-4일 정도는 먹을 수 있다. 그렇다해도 오래 보관해서는 안된다. 오래 두고 먹을 경우에는 베보자기나 행주에 싸서 완전히 탈수시키거나 두부 위에 된장을 발라두면 변질을 지연시킬 수 있다. 제조한 지 2일이 지난 것은 2cm크기로 잘라 하나하나 랩에 싸서 냉동시킨다.

3

쫄깃쫄깃 칼국수 · 우동

쫄깃쫄깃 통통한 면발로 많은 사람들의 사랑을
한 몸에 받고 있는 포장마차의 주 메뉴, 우동&칼국수.
하지만 이 면발로 이렇게
다양한 조리법이 있다는 사실 모르셨죠?
면의 쫄깃쫄깃 씹히는 맛과 영양을
가득 담은 부 재료들의 환상적인
조화가 특별한 요리를
만들어 줄 수 있답니다.
요리 솜씨 한번 발휘해 보실래요?

녹차칼국수

진한 닭육수 맛이 일품인 녹차닭칼국수. 밀가루에 녹차가루를 넣고
반죽을 해서 연두색 빛이 곱다. 입맛에 따라 양념장을 응용하면 별미.

재료

897kcal

닭	1마리	소금	1/4작은술
마늘·대파	10g	물	1과1/2컵
녹차잎	1큰술		
물	5와1/2컵	**양념장**	
애호박·양파	1/4개씩	들깨	2큰술
생강·통후추·소금	조금씩	물	1작은술
		다진 마늘	1/4작은술
칼국수 반죽		간장	1큰술
밀가루	3컵	들기름·후춧가루·소금	조금씩
가루녹차	1/2작은술	청양고추	1개

만들기

* **칼국수 반죽 만들기** 밀가루에 녹차가루를 섞은 뒤 소금과 물을 부어
칼국수 반죽을 만든다. ·····1

* **국수 가락 만들기** 칼국수 반죽을 밀대로 밀고 밀가루를 묻혀 서로
달라붙지 않게 반죽을 얇게 편 다음 0.5mm 정도의 두께가 되게 썬다. ·····2

* **닭 삶기** 냄비에 물을 붓고 닭, 소금, 통후추, 통으로 썬 대파, 생강, 녹차
잎, 마늘을 통째로 넣고 끓인다. ·····3

* **닭 육수 내기** 거품을 걷어내면서 끓이다가 국물이 뽀얗게 우러나면
국물을 체에 거른 후 양파와 호박을 넣어 다시 한 번 끓인다. ·····4

* **국수 넣어 삶기** 닭 육수 국물이 끓으면 썰어 놓은 국수를 넣어 삶는다. ·····5

* **삶은 닭 양념하기** 건져낸 닭은 살만 발라내어 먹기 좋은 크기로 찢어
소금과 후추로 간을 한다. ·····6

* **그릇에 육수 담고 고기 얹기** 국수가 익으면 육수와 함께 그릇에 담고
닭고기 양념한 것을 그 위에 얹어 낸다. ·····7

* **양념장 곁들여 내기** 분량의 재료를 섞어서 양념장을 만든 후 먹기
직전에 양념장을 넣어 간을 맞춘다. ·····8

요리 포인트

녹차맛을 살리면서 담백한 맛을 즐기려면?

●● 분말 녹차의 맛이 쓸쓸하게 느껴진다면 설탕을 약간 넣고, 닭국물의
기름기가 싫다면 쌀뜨물을 조금 넣어 끓여주면 맛이 담백해진다.
생강을 너무 많이 넣으면 차의 맛이 살아나지 않으므로 주의해야
한다. 들깨 소스는 마지막에 넣어야 향긋하게 먹을 수 있다.

칼국수 반죽 만들기

국수 가락 만들기

닭 삶기

닭 육수 내기

국수 넣어 삶기

삶은 닭 양념하기

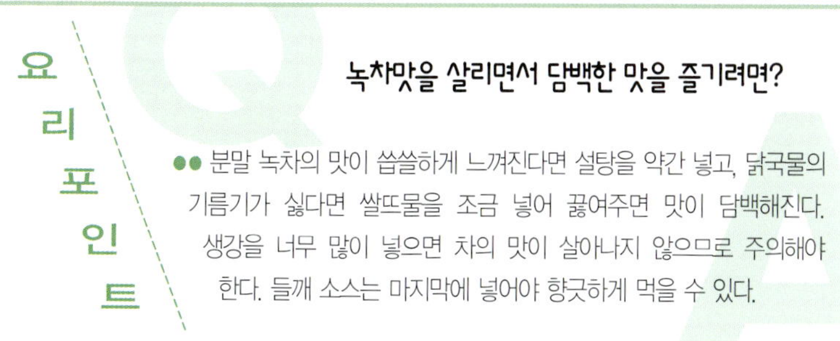

그릇에 육수 담고 고기 얹기

양념장 곁들여 내기

팥칼국수

팥죽에 국수를 넣어 먹는 전라도 지방의 토속 음식. 밀가루로 국수를 빚어
팥물에 끓이기 때문에 원래의 팥죽보다 국물을 묽게 하는 것이 좋다.

재 료

570kcal

붉은 팥 · · · · · · · · · · · · · 2컵	**칼국수 면**
생수 · · · · · · · · · · · · · 20컵	밀가루 · · · · · · · · · · · · · 3컵
소금 · · · · · · · · · · · · · 1작은술	생수 · · · · · · · · · · · · · 2/3컵
설탕 · · · · · · · · · · · · · 조금	소금 · · · · · · · · · · · · · 조금

만들기

＊ 팥 삶기 붉은 팥은 깨끗이 씻고 물을 넉넉히 부어 한소끔 끓인 후 그
물은 버린다. 다시 새 물을 부어 팥이 무르도록 푹 삶는다.

＊ 삶은 팥 거르기 팥은 강한 불에서 끓이다 은근한 불에서 푹 무르게
삶는다. 삶은 팥은 소금 1작은술을 넣고 체에 거르고 팥 삶은 물은 따로
준비해서 둔다.

＊ 밀가루 반죽하기 밀가루는 분량의 물과 소금을 넣어 반죽한 후 비닐에
싼 채로 30분 이상 실온에 둔다.

＊ 칼국수 만들기 반죽을 얇게 밀어 넓게 편 다음 밀가루를 뿌리고 여러 겹
접어서 채로 썰어 헤쳐 놓는다.

＊ 팥물 끓이기 냄비에 삶은 팥 거른 물을 넣고 끓인 다음 다시 앙금을 넣어
천천히 저어 주면서 끓인다.

＊ 칼국수 넣어 끓이기 팥 물이 끓으면 준비한 국수를 넣고 뚜껑을 덮은 채
끓인다. 국물이 끓으면 뚜껑을 열어 두고 다시 끓어오르면 불을 끈다.

＊ 그릇에 담기 그릇에 팥칼국수를 반쯤 담고 삶은 팥알을 가운데 몇 알
띄워 준다.

＊ 상 차리기 완성된 팥칼국수는 물김치와 소금, 기호에 따라서 설탕을
곁들여 상에 올린다.

팥 삶기

삶은 팥 거르기

밀가루 반죽하기

칼국수 만들기

팥물 끓이기

칼국수 넣어 끓이기

그릇에 담기

상 차리기

요리 포인트

Q 팥의 영양을 살리면서 삶는 방법은?

●● 팥물만 잘 준비하면 별다른 부재료 없이 쉽게 할 수 있는 요리로,
팥을 삶을 때는 한 번 끓인 물은 따라 버리고 물을 다시 부어 푹 삶
아야 한다. 팥은 섬유소가 많고 조직이 단단하기 때문에 오래 삶아
야 한다. 간혹 더 빨리 삶기 위해 소다를 넣기도 하는데 이는 팥
속의 비타민 B1을 파괴하는 조리법이다.

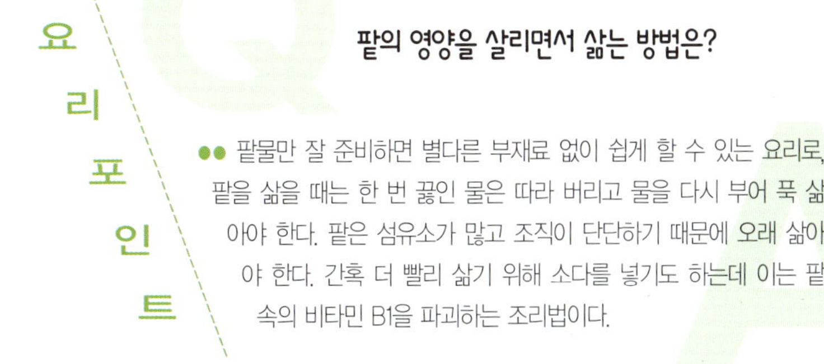

김치국물칼국수

굴칼국수

[김치국물칼국수]

재료

밀가루 · · · · · · · · · · · · · · · 3컵
김치 국물 · · · · · · · · · · · · 1/3컵
식용유 · · · · · · · · · · · · · · 1큰술
달걀 · · · · · · · · · · · · · · · · 1개
애호박 · · · · · · · · · · · · · · 1/3개
감자 · · · · · · · · · · · · · · · · 2개
구워 부순 김 · · · · · · · · · 적당량
달걀말이 · · · · · · · · · · · · · 1개
쑥갓 · 송송 썬 대파 · · · · · · · 조금씩
멸치 다시마 국물 · · · · · · · · · · 4컵
간장 · 소금 · 후춧가루 · · · · · 조금씩

만들기

✻ 국수 반죽 만들기 밀가루에 김치 국물, 식용유, 달걀을 깨뜨려 넣고 반죽을 하여 충분히 치대어 준다.

✻ 국수 가락 만들기 국수반죽을 얇게 민 후, 밀가루를 뿌려 알맞은 폭으로 접어 원하는 폭으로 국수 가락을 썰어 준다.

✻ 야채 준비하기 감자는 0.5cm 두께의 반달 모양으로 썰고 실파는 6cm 길이로 썬다. 애호박은 0.5cm의 굵기로 채썰어 약간의 소금을 뿌려 둔다.

✻ 장국 만들기 멸치다시마 국물에 간장, 소금으로 간을 하여 양파채를 넣고 끓인다.

✻ 국수 끓이기 끓는 장국에 감자, 국수, 애호박의 순서로 넣고 끓여 간을 확인하여 따뜻한 그릇에 담고 국수 위에 달걀말이, 김, 쑥갓, 대파를 올려 낸다.

국수 가락 만들기

국수 끓이기

453 kcal

쫄깃한 국수 면발을 만드는 비결은?

●● 국수 반죽을 만들 때 밀가루에 식용유를 넣는다. 함께 들어가는 달걀도 끈기를 더해 쫄깃한 맛을 살려 주고 영양가도 높여 주게 된다. 반죽이 하나의 덩어리로 뭉쳐 냉장고에 30분에서 1시간 정도 놔두면 좀더 잘 뭉쳐지고 쫀득한 맛이 더해진다. 김치의 새콤한 맛을 더 하려면 적당히 익은 김치를 넣는 것도 포인트.

멸치로 다시 장국 만드려면?

●● 다시용 멸치는 굵고 반짝이는 것으로 골라 쓴맛이 우러날 수 있는 머리와 내장을 떼어낸다. 달구어진 팬에 기름을 두르지 말고 멸치를 볶아 주면 비린내가 나지 않는다. 멸치 국물이 끓으면 멸치를 건져내고 마른고추를 넣어서 매운맛이 우러나게 하면 시원한 국물맛을 즐길 수 있다.

[굴칼국수]

굴 · 북어포 준비하기

칼국수 끓이기

재료

젖은 칼국수(시판용) · · · · · · · · 300g
굴 · · · · · · · · · · · · · · · · 200g
북어포 · · · · · · · · · · · · · · 20g
다시장국 · · · · · · · · · · · · · 8컵
부추김치 · · · · · · · · · · · · · 적당량

양념장

삭힌 고추 · · · · · · · · · · · · · 50g
집간장 · · · · · · · · · · · · · · 2큰술
물 · · · · · · · · · · · · · · · · 3큰술
참기름 · · · · · · · · · · · · · · 1큰술
깨소금 · · · · · · · · · · · · · · 1큰술

만들기

✻ 멸치 손질하기 멸치는 머리와 내장을 떼어낸다.

✻ 멸치 비린내 없애기 손질한 멸치는 마른 팬에 볶아 비린내를 없애고, 찬물에 넣어 끓인다.

✻ 매운맛 우려내기 멸치는 건져내고 마른고추를 잘라 넣고 조금 더 끓여 매운 맛이 우러나도록 한다.

✻ 굴 · 북어포 준비하기 굴은 소금물에 흔들어 씻어 놓고, 북어포는 물에 담갔다 바로 건져 살짝 불린다.

✻ 칼국수 끓이기 멸치 국물에 집간장으로 간한 후 칼국수와 북어포를 넣고 한소끔 끓인 다음 굴과 송송 썬 대파를 넣고 조금 더 끓인 후 소금으로 간을 맞춘다.

✻ 양념장 곁들이기 분량의 재료대로 양념장을 만들어 부추김치와 곁들이면 더욱 좋다.

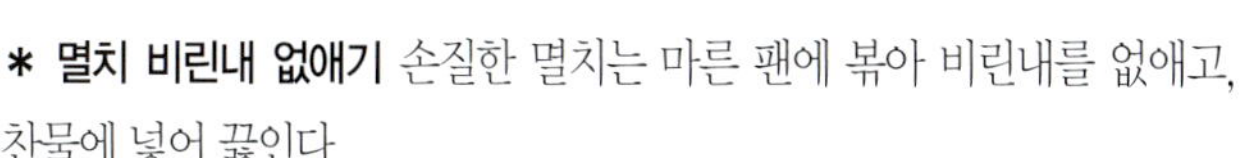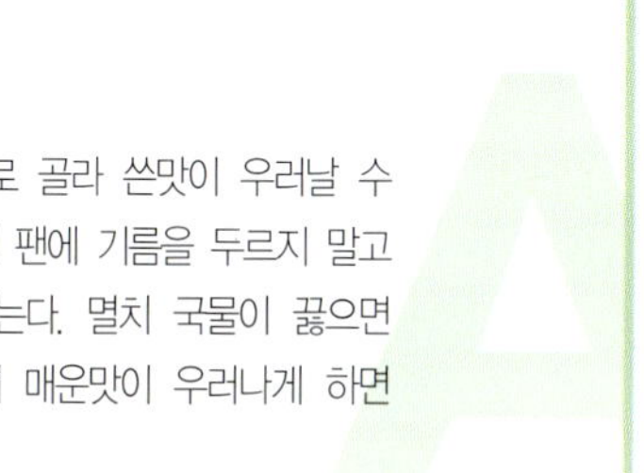

278 kcal

닭칼국수　　　　　매운조개칼국수

[닭칼국수]

재료

닭 · · · · · · · · · · · · · · · 반마리
물 · · · · · · · · · · · · · · · 10컵
국간장 · · · · · · · · · · · · · 1큰술
대파 · · · · · · · · · · · · · · 2개
소금 · · · · · · · · · · · · · · 조금

양념장

다진 마늘 · · · · · · · · · · · 2큰술
고춧가루 · · · · · · · · · · · 1~2큰술
통깨 · 참기름 · · · · · · · · · 1큰술씩
후춧가루 · · · · · · · · · · · 1/4작은술

칼국수 면

밀가루 · · · · · · · · · · · · · 3컵
달걀흰자 · · · · · · · · · · · · 1/2개
식용유 · · · · · · · · · · · · · 1/2작은술
소금 · · · · · · · · · · · · · · 조금
물 · · · · · · · · · · · · · · · 적당량

만들기

637kcal

* **칼국수 반죽 만들기** 분량의 재료를 넣고 반죽하여 비닐봉지에 싼 후 냉장고에 1시간 정도 둔 다음 반죽을 밀어 채썬다.

* **닭국물에 간하기** 끓는 물에 닭을 넣고 1시간 정도 삶는 다음 닭이 어느 정도 익으면 국간장을 넣어 다시 삶는다.

* **닭고기 찢기** 닭고기에 간이 배면 건져서 적당한 크기로 찢어 두고, 육수는 따로 준비해 둔다.

* **양념장 만들기** 분량의 재료를 섞어 양념장을 만든다.

* **육수 간 맞추기** 따로 준비한 육수를 끓인 후 반죽한 칼국수를 넣고 소금으로 간을 맞춘다.

* **상 차리기** 칼국수에 찢은 고기와 양념을 얹어 낸다.

닭국물에 간하기

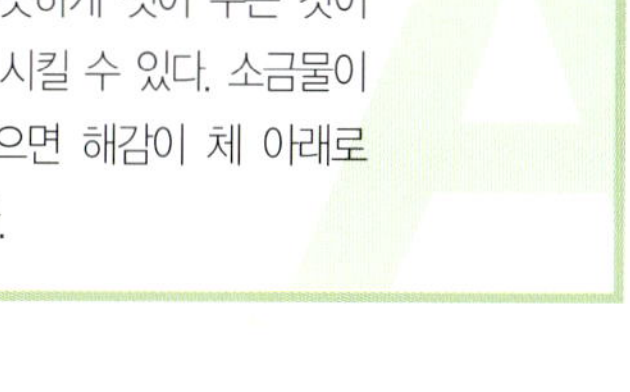

상 차리기

[매운조개칼국수]

다시마 · 조개 끓이기

칼국수 끓이기

재료

칼국수 · · · · · · · · · · · · · 300g
모시조개 · · · · · · · · · · · · 100g
다시마 · · · · · · · · · · · · · 1장
새우 · · · · · · · · · · · · · · 200g
양파 · · · · · · · · · · · · · · 1/2개
당근 · · · · · · · · · · · · · · 50g
배추 · · · · · · · · · · · · · · 2잎
실파 · · · · · · · · · · · · · · 5뿌리
표고버섯 · · · · · · · · · · · · 3장
매운 고추 · · · · · · · · · · · · 3개

양념장

간장 · 고춧가루 · · · · · · · · 1큰술씩
다진 마늘 · · · · · · · · · · · 1/2큰술
깨소금 · 참기름 · · · · · · · · 조금씩

만들기

325kcal

* **해물 씻기** 조개는 연한 소금물에 담가 해감을 토하게 하고, 새우는 소금물에 씻어 건져 둔다.

* **다시마 · 조개 끓이기** 찬물에 다시마를 넣어 끓기 시작하면 건져내고 씻어놓은 조개를 넣어 끓여 준다.

* **육수 내기** 다시마와 조개를 넣어 끓인 국물을 체에 밭쳐 준비하고 조개는 건져 둔다.

* **야채 썰기** 각 야채는 4cm 길이로 채썬다.

* **칼국수 끓이기** 준비한 조개 육수에 칼국수를 넣고 썰어둔 야채와 매운 고추, 새우, 다진 마늘을 넣고 끓이다가 건져놓은 조개를 넣고 다시 한 번 끓인다.

* **상 차리기** 그릇에 분량의 양념을 넣고 양념장을 만든 다음 국수가 잘 끓으면 그릇에 담아 내고 양념장을 곁들인다.

메밀칼국수

들깨칼국수

[메밀칼국수]

재료

메밀가루 · · · · · · · · · · · · · 3컵
콩가루 · · · · · · · · · · · · · · 3컵
뜨거운 물 · · · · · · · · · · · 적당량

멸치 장국

멸치 · · · · · · · · · · · · · · · 조금
물 · · · · · · · · · · · · · · · · 15컵
실파 · · · · · · · · · · · · · · 5뿌리
집간장 · · · · · · · · · · · · · 5큰술

만들기

704 kcal

* **멸치 장국 만들기** 멸치는 찬물에 넣고 끓이다가 국물이 우러나면 건져낸 후 3cm 길이로 썬 실파와 간장을 넣는다.

* **메밀 칼국수 반죽하기** 메밀가루에 콩가루를 조금 섞은 다음 뜨거운 물로 익반죽을 한다. 반죽 표면이 매끄럽게 되면 젖은 보를 덮어두거나 비닐봉지에 넣어 30분 정도 둔다.

* **칼국수 만들기** 넓은 도마 위에 밀가루를 조금 뿌리고 반죽을 얇게 펴 3~5mm의 너비로 채썬다.

* **국수 끓이기** 국수를 훌훌 털어서 끓는 멸치 장국에 넣어 서로 붙지 않게 저어 주고 간은 국간장과 소금으로 한다.

* **상 차리기** 국수가 익으면 실파를 송송 썰어 넣는다.

멸치 장국 만들기

메밀 칼국수 반죽하기

요 리 포 인 트

메밀 칼국수의 반죽을 만들 때 주의할 점은?

●● 쫀득한 맛을 살려 주려면 메밀가루에 콩가루를 넣어서 반죽한다. 메밀가루와 콩가루의 비율은 1:1이 적당하고 여기에 70℃ 정도의 따뜻한 물을 넣어 익반죽한다. 반죽이 뜨거우므로 처음에는 젓가락이나 숟가락으로 어느 정도 뭉쳐지도록 젓다가 손으로 반죽한다.

들깨 칼국수는 어디에 좋은 식품일까?

●● 들깨는 참깨 못지 않은 영양을 자랑하는 식품으로 혈중 콜레스테롤을 저하시키는 필수지방산인 리놀산과 갖가지 불포화지방산을 함유하고 있다. 또한 독특한 향으로 식욕을 돋우어준다. 소화작용과 장기능을 촉진하여 변비에도 좋은 효과를 낸다.

칼국수 삶기

상 차리기

[들깨칼국수]

재료

밀가루 · · · · · · · · · · · · · · · 3컵
물 · · · · · · · · · · · · · · · · · 4컵
들깨 · · · · · · · · · · · · · · · · 1컵
애호박 · · · · · · · · · · · · · · 1/2개
은행 · · · · · · · · · · · · · · · 3~4알
표고버섯 · · · · · · · · · · · · · · 4개
소금 · 깨소금 · 식용유 · · · · · 조금씩

만들기

568 kcal

* **칼국수 반죽 만들기** 밀가루를 뜨거운 물에 반죽하여 반죽이 뭉쳐지면 밀대로 얇게 민다.

* **국수 가락 만들기** 반죽이 서로 붙지 않게 밀가루를 뿌린 후 2~3번 겹쳐 접어 5mm 폭으로 곱게 채치듯이 썬다.

* **들깨 갈기** 들깨는 잡티를 골라내고 물에 푹 담갔다가 물을 부어가며 믹서에 간다.

* **야채 볶기** 애호박과 표고버섯은 각각 채썬 다음 소금으로 간을 맞춰가며 팬에서 볶아 준다.

* **칼국수 삶기** 냄비에 분량의 물을 붓고 곱게 간 들깨즙을 넣고 끓이다가 칼국수를 넣어 삶는다.

* **상 차리기** 국수가 충분히 익으면 준비한 표고버섯과 애호박, 은행을 고명으로 얹어 낸다.

어묵꼬치우동

멸치, 다시마, 가다랭이포를 우린 맛국물에 어묵꼬치를 넣고 끓여 뜨겁게 먹는 우동. 겨자간장을 곁들여 어묵을 쏙쏙 빼서 찍어 먹는 재미도 그만.

재 료

353 kcal

어묵 · · · · · · · · · · · · · · · · · 200g	**국물 내기**
우동국수 · · · · · · · · · · · · · 3봉	다시마 멸치 국물 · · · · · · · · · · 4컵
송송 썬 대파 · · · · · · · · · · 3큰술	가다랭이포 · · · · · · · · · · · · 1/4컵
구워 부순 김 · 쑥갓 · · · · 적당량씩	간장 · · · · · · · · · · · · · · · · 2큰술
완숙 달걀 · · · · · · · · · · · · · 1개	청주 · · · · · · · · · · · · · · · · 1큰술
새우 · · · · · · · · · · · · · · · 6마리	맛술 · · · · · · · · · · · · · · · · 1큰술
	소금 · · · · · · · · · · · · · · · · · 조금

만들기

* **어묵 씻기** 어묵 종류는 원하는 모양의 작은 크기로 잘라 끓는 물에 헹궈 건져 둔다.　　　　　　　　　　　　　　　　　　　　　　　1

* **어묵 꼬치에 꽂기** 10cm가 넘는 가는 꼬치 3개에 어묵을 나누어 꽂아 준다.　　　　　　　　　　　　　　　　　　　　　　　　　　　2

* **달걀 삶아 썰기** 찬물에 달걀을 넣어 삶은 뒤 완숙 달걀은 꽃 모양으로 칼집을 넣어 나누어 준다.　　　　　　　　　　　　　　　　　　3

* **다시마 멸치 국물 내기** 다시마 우린 물에 멸치를 넣고 끓여 다시마 멸치 국물을 만든다.　　　　　　　　　　　　　　　　　　　　4

* **가다랭이포와 새우 우려내기** 다시마 멸치 국물에 분량의 가다랭이포와 새우를 넣고 5분 정도 끓여준 다음 베보에 내려 준다.　　　　　5

* **우동 국물 간 맞추기** 베보에 내린 국물에 분량의 간장과 청주, 맛술을 넣고 끓여 소금으로 간을 맞춰 우동 국물을 만든다.　　　　　6

* **재료 넣어 끓이기** 우동 국물에 우동 국수와 어묵 꼬치, 새우를 올려 담고 한소끔 끓여준다.　　　　　　　　　　　　　　　　　　　7

* **상 차리기** 끓여 낸 우동에 송송 썬 대파, 쑥갓, 달걀, 구워 부순 김을 고명으로 올려준다.　　　　　　　　　　　　　　　　　　　8

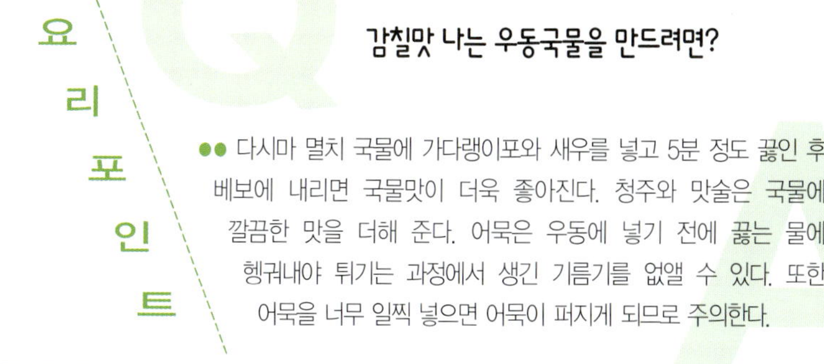

요리포인트

Q 감칠맛 나는 우동국물을 만드려면?

●● 다시마 멸치 국물에 가다랭이포와 새우를 넣고 5분 정도 끓인 후 베보에 내리면 국물맛이 더욱 좋아진다. 청주와 맛술은 국물에 깔끔한 맛을 더해 준다. 어묵은 우동에 넣기 전에 끓는 물에 헹궈내야 튀기는 과정에서 생긴 기름기를 없앨 수 있다. 또한 어묵을 너무 일찍 넣으면 어묵이 퍼지게 되므로 주의한다.

어묵 씻기

어묵 꼬치에 꽂기

달걀 삶아 썰기

다시마 멸치 국물 내기

가다랭이포와 새우 우려내기

우동 국물 간 맞추기

재료 넣어 끓이기

상 차리기

새우튀김우동

담백한 다시마 가다랭이 국물에 새우와 쑥갓 튀김을 넣어 먹는 별미 우동.
새우튀김은 상에 내기 직전에 넣어야 부스러지지 않고 제맛이 난다.

재 료

432 kcal

우동면 · · · · · · · · · · · · · · 400g	간장 · · · · · · · · · · · · · · · 4큰술
새우 · · · · · · · · · · · · · · 5마리	청주 · 조미술 · · · · · · · · 1큰술씩
쑥갓 · 팽이버섯 · · · · · · · · 1봉씩	소금 · · · · · · · · · · · · · · · · · 조금
송송 썬 대파 · · · · · · · · · · 4큰술	
튀김기름 · · · · · · · · · · · · 적당량	**튀김옷**

국수 국물

다시마가다랭이국물 · · · · · · · · 5컵	밀가루 · · · · · · · · · · · · · · 1/3컵
	달걀 · · · · · · · · · · · · · · · · 1/2개
	얼음물 · · · · · · · · · · · · · · 1/4컵

만들기

＊ 새우 씻기 새우는 소금물에 씻어 건져 두고, 쑥갓은 흐르는 물에 깨끗이
씻어 준다.

＊ 새우 다듬기 새우는 등쪽의 내장을 빼고 머리와 꼬리만 제외하고
껍질을 벗긴다.

＊ 새우 양념하기 새우의 배 쪽에 5번 정도의 칼집을 넣고 펴준 다음 소금,
후춧가루를 뿌리고 밀가루를 뿌려 준다.

＊ 쑥갓 준비하기 쑥갓은 단단한 줄기는 잘라내고 잎을 모아 잡고 밀가루를
뿌려 준다.

＊ 새우 · 쑥갓 튀기기 분량의 튀김옷을 만들어 새우와 쑥갓에 각각 옷을
입힌 후 170℃의 끓는 기름에 쑥갓과 새우를 튀겨 낸다.

＊ 팽이버섯 준비하기 팽이버섯은 씻은 후 밑동을 잘라내고 물기를 빼
가닥으로 찢는다.

＊ 국수 국물 끓이기 분량의 재료를 넣어 국수 국물을 만들고 국수 국물이
끓을 때 우동면과 팽이버섯을 넣고 조금 더 끓인다.

＊ 상 차리기 우동을 그릇에 담은 후 대파와 새우, 쑥갓을 올려 낸다.

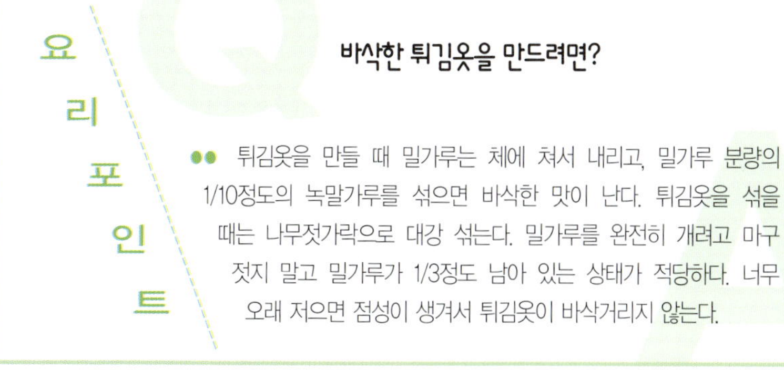

요리 포인트

바삭한 튀김옷을 만드려면?

●● 튀김옷을 만들 때 밀가루는 체에 쳐서 내리고, 밀가루 분량의
1/10정도의 녹말가루를 섞으면 바삭한 맛이 난다. 튀김옷을 섞을
때는 나무젓가락으로 대강 섞는다. 밀가루를 완전히 개려고 마구
젓지 말고 밀가루가 1/3정도 남아 있는 상태가 적당하다. 너무
오래 저으면 점성이 생겨서 튀김옷이 바삭거리지 않는다.

새우 씻기

새우 다듬기

새우 양념하기

쑥갓 준비하기

새우 · 쑥갓 튀기기

팽이버섯 준비하기

국수 국물 끓이기

상 차리기

버섯야채볶음우동

닭고기참깨탕칼국수

[버섯야채볶음우동]

재료

우동면 · · · · · · · · · · · · · 400g
느타리버섯 · · · · · · · · · · · 100g
팽이버섯 · · · · · · · · · · · · 100g
색색의 파프리카 · · · · · · · · 1/2개씩
간장 · · · · · · · · · · · · · · 1작은술
굴소스 · · · · · · · · · · · · · 3큰술
물 · · · · · · · · · · · · · · · 1컵
식용유 · · · · · · · · · · · · · 1큰술
물녹말 · · · · · · · · · · · · · 1큰술
후춧가루 · 참기름 · · · · · · · · 조금씩

만들기

359kcal

* **우동면 삶기** 우동면을 삶아 건져 물기를 빼놓는다.

* **파프리카 채썰기** 파프리카는 5cm 길이, 0.2cm 두께로 채썰어 놓는다.

* **버섯 준비하기** 느타리버섯은 두꺼운 것은 반으로 갈라놓고, 팽이버섯은 밑동을 자르고 분리해 놓는다.

* **재료 넣어 볶기** 팬을 달구어 기름을 두른 후 파프리카와 느타리버섯을 넣고 볶다가 간장과 굴소스를 넣는다.

* **물녹말 넣기** 볶은 파프리카와 느타리버섯에 물을 붓고 끓여주고 물이 끓어오르면 물녹말을 넣어 걸쭉하게 만든다.

* **상 차리기** 달구어진 팬에 기름을 두르고 삶은 우동을 넣어 볶은 뒤 소스에 볶은 파프리카와 버섯을 넣고 고루 섞어 후추와 참기름을 넣어 그릇에 담아 낸다.

재료 넣어 볶기

상 차리기

각각의 야채의 색을 살려 볶으려면?

●● 색이 예쁘게 나오도록 여러 가지 색상의 파프리카를 넣는다. 팬에서 볶을 때는 센 불에서 기름을 너무 많이 넣지 말고 빨리 볶는다. 간장과 굴소스는 약간만 넣어 색이 죽지 않게 하고 나중에 물녹말을 넣어주면 걸쭉한 소스의 맛을 낼 수 있다.

요리 포인트

고소한 참깨 닭육수를 만들려면?

●● 곱게 간 참깨를 육수에 섞으면 국물 맛이 더욱 고소해진다. 체에 걸러 둔 참깨 건지도 함께 넣으면 풍부한 섬유질을 섭취할 수 있다. 참깨의 불포화지방산은 혈중 콜레스테롤 수치를 떨어뜨려 동맥경화를 예방하는 효과가 있다.

참깨 육수 체에 거르기

닭 육수 끓이기

[닭고기참깨탕칼국수]

재료

닭 · · · · · · · · · · · · · · 1/2마리
칼국수 · · · · · · · · · · · · 300g
파 · · · · · · · · · · · · · · 1대
마늘 · · · · · · · · · · · · · 5톨
생강 · · · · · · · · · · · · · 1톨
참깨 · · · · · · · · · · · · · 2컵
다진 마늘 · · · · · · · · · · · 1큰술
호박 · · · · · · · · · · · · · 1/2개
홍고추 · · · · · · · · · · · · 1개
매운 고추 · · · · · · · · · · · 1개
표고버섯 · · · · · · · · · · · 2장
실파 · · · · · · · · · · · · · 30g
양파 · · · · · · · · · · · · · 1/3개
소금 · 후춧가루 · · · · · · · · 조금씩

만들기

961kcal

* **닭 육수 준비하기** 닭은 끓는 물에 파, 마늘, 생강을 넣고 삶아낸 후 살은 발라 찢어 두고 육수는 걸러 둔다.

* **야채 준비하기** 호박과 양파, 표고버섯은 채썰고 실파는 4cm 길이로 썬다. 고추는 어슷하게 또는 채썬다.

* **참깨 육수 체에 거르기** 씻은 참깨에 1/2컵의 물을 붓고 곱게 갈아 체에 걸러 둔다.

* **닭 육수 끓이기** 준비한 닭 육수에 체에 거른 참깨를 넣고 끓이다가 양파와 버섯, 호박, 칼국수를 넣고 끓인다.

* **상 차리기** 다진 마늘과 후춧가루, 소금으로 간을 한 후 실파와 고추를 넣고 살짝 끓여 그릇에 담아 낸다.

사골칼국수

진한 사골국물에 칼국수를 말아 얼큰한 양념장을 곁들여 내는 칼국수.
사골은 면보자기에 밭쳐 말끔히 기름기를 걷어 내는 것이 중요하다.

재 료

513kcal

		양념장	
칼국수	500g	고춧가루·간장	2큰술씩
사골 육수	7컵	참기름	1큰술
감자·청·홍고추	1개씩	송송 썬 파·다진 마늘	1큰술씩
호박	1/2개	깨소금·참기름	조금씩
느타리버섯	50g	청양고추 다진 것	1개
대파 또는 쪽파	30g		

만들기

* **사골 핏물 빼기** 사골은 물에 한 번 씻어낸 후, 담길 정도의 찬물에 담가 최소 3시간 이상 핏물을 뺀다.

* **사골 냄새 없애기** 누린내 등 잡냄새를 없애기 위해서 끓는 물에 한 번 더 데쳐 핏물을 뺀다.

* **사골 끓이기** 냄비에 물을 끓이다 큼직하게 썬 무와 생강, 통마늘, 사골을 넣고 3시간 정도 중불로 푹 끓인다.

* **사골 육수 기름기 걷어내기** 사골을 건져내고, 끓여 둔 사골 육수를 기름기를 걷고 준비해 둔다.

* **감자·호박 준비하기** 감자와 호박은 흐르는 물에 깨끗하게 씻은 뒤 굵직하게 채썬다.

* **파·고추·버섯 준비하기** 파는 어슷하게 썰고 청·홍고추도 송송 썰거나 채썬다. 느타리 버섯은 먹기 좋은 크기로 찢어 둔다.

* **양념장 만들기** 그릇에 준비한 분량의 재료와 송송 썬 파, 고추 다진 것을 넣어 양념장을 만든다.

* **국수 끓이기** 준비한 육수를 끓이다 감자와 국수를 넣어 끓어오르면 호박을 넣는다. 다진 마늘과 고추를 넣고 국수가 익으면 소금으로 간을 해 그릇에 담아 낸다.

사골 핏물 빼기

사골 냄새 없애기

사골 끓이기

사골 육수 기름기 걷어내기

감자·호박 준비하기

파·고추·버섯 준비하기

양념장 만들기

국수 끓이기

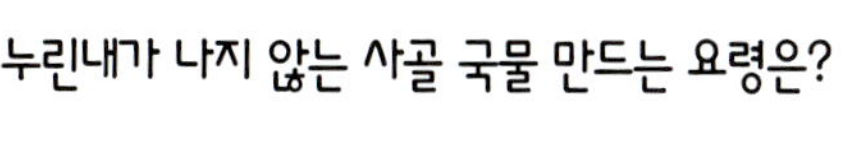

요리포인트

Q 누린내가 나지 않는 사골 국물 만드는 요령은?

●● 구입한 사골은 물에 살짝 씻어 뼈부스러기나 잡티를 털어낸 다음 끓이기 전에 찬물에 3시간 이상 담궈 핏물을 빼준다. 누린내를 없애기 위해 끓는물에 한번 더 데쳐 핏물을 뺀후 다시 찬물을 넣어 생강, 마늘 등의 향신료와 함께 푹 끓인다. 취향에 따라 인삼을 넣어 주면 쌉싸름한 맛이 엷게 배어 맛있다.

유부우동

굴짬뽕우동전골

[유부우동]

재 료

생우동면 · · · · · · · · · · · · · · 300g
유부 · · · · · · · · · · · · · · · · · 5장
꽃어묵 · · · · · · · · · · · · · · · 조금
대파 · · · · · · · · · · · · · · · · 1뿌리
붉은고추 · · · · · · · · · · · · · · · 1개
쑥갓 · · · · · · · · · · · · · · · · · 조금
가쓰오부시 · · · · · · · · · · · · · 조금
진간장 · 국간장 · · · · · · · · 1큰술씩

만 들 기

유부 준비하기

242 kcal

* **유부 준비하기** 유부는 끓는 물에 데쳐 기름기를 뺀 후 칼끝으로
지그시 눌러 물기를 빼준 다음 굵직하게 썬다.

* **어묵 준비하기** 꽃어묵은 얄팍하게 저며 썰고 대파와 붉은 고추는
뿌리를 자르고 씻어 어슷하게 썬다.

* **가쓰오부시 국물 만들기** 가쓰오부시는 끓는 물에 넣은 후 불을 끄고
5분 정도 그대로 두었다가 체에 걸러내어 국물만 준비한다.

* **우동 넣어 끓이기** 국물을 한소끔 끓이다가 진간장과 국간장을 넣어
간을 맞춘 후 생우동면을 넣어 팔팔 끓이다가 어묵, 대파, 붉은 고추를
넣어 맛을 낸다.

* **상 차리기** 뜨거울 때 씻어놓은 쑥갓을 얹어 낸다. 식성에 따라
고춧가루나 칠리 소스 등을 끼얹는다.

상 차리기

고소한 유부 맛을 살리려면?

●● 유부는 팔팔 끓는 물에 넣어 데쳐 기름기를 뺀 후 칼끝으로
눌러 물기를 짠다. 그 다음에 굵직하게 채썬다. 우동 국물 맛내기에는
가쓰오부시가 많이 쓰인다. 가쓰오부시는 가다랭이를 훈제하여 말린
것으로 감칠맛을 더해 준다. 다시용 멸치를 함께 쓰려면 기름 없이
냄비에 볶아 비린내를 날린 후 물을 부어 끓인다.

요 리 포 인 트

곱창을 깨끗이 손질하려면?

●● 곱창은 굵고 살찐 것으로 골라 기름기를 떼어내고 소금을
뿌리고 바락바락 주물러서 씻어준다. 흐르는 물에 속을 훑어
내리면서 깨끗이 씻는것이 좋다. 이때 가능하면 얇은 막처럼 생긴
껍질도 말끔히 벗겨내고 물에 한번 헹군다. 곱창은 얼면 껍질이
얇아지고 물러지므로 냉장실에 보관한다.

[곱창우동전골]

육수 우려내기

전골 끓이기

재 료

곱창 · · · · · · · · · · · · · · · · 600g
쇠고기(양지머리) · · · · · · · · · 400g
대파 · · · · · · · · · · · · · · · · · 4대
마늘 · · · · · · · · · · · · · · · · · 3쪽
생강 · · · · · · · · · · · · · · · · · 1톨
밀가루 · 소금 · · · · · · · · · · · 조금씩
홍고추 · · · · · · · · · · · · · · · · 1개
양파 · · · · · · · · · · · · · · · · 1/4개
미나리 · · · · · · · · · · · · · · · · 30g
우동국수 · · · · · · · · · · · · · · 100g
쑥갓 · · · · · · · · · · · · · · · · · 조금

양념장

고춧가루 · 간장 · · · · · · · · · 2큰술씩
고추장 · 참기름 · · · · · · · · · 1큰술씩
다진 마늘 · · · · · · · · · · · · · 2큰술
청주 · · · · · · · · · · · · · · · · 1큰술
깨소금 · · · · · · · · · · · · · · · 조금

만 들 기

593 kcal

* **곱창 준비하기** 곱창은 기름기를 떼어내고 밀가루와 소금으로 문질러
씻고 양지머리는 물에 담가 핏물을 뺀다.

* **육수 우려내기** 물을 넉넉히 부은 냄비에 대파 2대, 마늘, 생강을 넣고
끓으면 쇠고기와 곱창을 넣고 푹 우려낸 다음 체에 걸러 육수와
곱창 · 쇠고기를 따로 준비해 둔다.

* **곱창 · 쇠고기 재우기** 삶은 곱창은 4cm의 길이로 썰고 쇠고기는
결대로 찢어 양념장에 무쳐 재운다.

* **야채 준비하기** 홍고추, 양파, 남은 대파는 채썰고 미나리와 쑥갓은
5cm 길이로 썬다.

* **우동 준비하기** 우동은 삶아 찬물에 헹군다.

* **전골 끓이기** 전골 냄비에 야채를 담고 육수를 부어 끓으면 곱창과
쇠고기를 넣고 끓이다가 우동을 넣는다.

어묵볶음우동

어묵과 우동을 한데 볶다가 토마토케첩, 간장, 설탕, 참기름으로 맛을
내서 볶은 이색 요리. 뭔가 새로운 것이 먹고 싶을 때 응용해 보면 좋다.

재 료

296 kcal

야채어묵 · · · · · · · · · 150g	간장 · · · · · · · · · · 1큰술
우동 · · · · · · · · · · 300g	설탕 · 참기름 · · · · · 1작은술씩
다시마(5cm) · · · · · · · · 2장	토마토케첩 · · · · · · · · 1작은술
당근 · 양파 · · · · · · 1/4개씩	다시마 우린 물 · · · · · · 2큰술
실파 · · · · · · · · · · · 3대	다진 마늘 · · · · · · 1/2작은술
오이 · · · · · · · · · · 1/2개	소금 · 후춧가루 · · · · · · 조금씩

만들기

* **다시마 육수 준비하기** 다시마를 찬물에 넣고 물이 끓기 시작하면
다시마를 건져 내고 다시마 우린 물을 준비한다.

* **야채어묵 준비하기** 야채어묵은 4cm 길이로 채썰어 살짝 데친 후 찬물에
헹궈 기름기를 뺀다.

* **우동 삶아내기** 우동은 끓는 물에 쫄깃하게 삶아낸 뒤 찬물에 헹궈
물기를 제거한다.

* **야채 준비하기** 당근, 양파, 오이는 4cm 길이로 채썰어 소금에 절인 후
물에 헹궈 짠다.

* **실파 · 다시마 준비하기** 실파는 송송 썰고 건져낸 다시마는 4cm의
길이로 채썬다.

* **양파 · 당근 볶기** 팬에 기름을 두르고 양파와 당근을 넣고 볶으면서
소금으로 간한다.

* **재료 볶기** 양파와 당근에 다시마채와 야채어묵을 넣고 볶다가
토마토케첩과 간장, 설탕, 참기름, 마늘을 넣고 간을 해가면서 볶는다.

* **재료와 우동 볶기** 볶은 다시마채와 야채어묵에 다시마 우린 육수를
2큰술 붓고 우동을 넣어 볶으면서 소금, 후춧가루로 간하고 실파를 뿌려
그릇에 담는다.

요리포인트

볶음우동에 더 넣을 수 있는 소스는?

●● 일반적으로 볶음우동에는 굴소스가 제격. 어묵이 들어가는 우동은
굴소스를 넣으면 간이 강해질 수 있기 때문에 케첩을 넣었으나 입맛
에 따라 굴소스를 넣어도 좋다. 단, 굴소스의 경우는 조금만 넣어도
간이 맞기 때문에 너무 많이 넣지 않도록 한다. 육수 자체도 약간
의 짠맛이 있기 때문에 간을 맞추는데 신경 써야 한다.

다시마 육수 준비하기

야채어묵 준비하기

우동 삶아내기

야채 준비하기

실파 · 다시마 준비하기

양파 · 당근 볶기

재료 볶기

재료와 우동 볶기

[우동전골]

재료

애호박 · · · · · · · · · · · · · · 150g
두부 · · · · · · · · · · · · · · · · 20g
양파 · · · · · · · · · · · · · · · · 1/3개
쑥갓 · · · · · · · · · · · · · · · · 30g
대파 · · · · · · · · · · · · · · · · 1/2줄기
깻잎 · · · · · · · · · · · · · · · · 8장
생우동 · · · · · · · · · · · · · · 200g
다시마 국물 · · · · · · · · · · · · 3컵

전골 양념

고춧 가루 · · · · · · · · · · · · · 3큰술
다진마늘 · · · · · · · · · · · · · 1/2큰술
국간장 · · · · · · · · · · · · · · · 2큰술
참기름 · · · · · · · · · · · · · · · 1큰술
소금 · · · · · · · · · · · · · · · · 조금

만들기

219 kcal

* **생우동 삶기** 생우동은 끓는 물에 데친 후 건져 찬물에 헹궈둔다.

* **애호박 · 두부 썰기** 애호박은 2등분하여 반달 모양으로 도톰하게 썰고 두부는 2×3cm로 도톰하게 썬다.

* **양파 · 대파 · 깻잎 썰기** 양파는 채썰고 대파는 어슷 썰고, 깻잎은 1cm 폭으로 채썬다.

* **전골 양념 만들기** 그릇에 고춧가루, 국간장, 참기름, 다진 마늘, 소금을 섞어 전골 양념을 만든다.

* **재료 넣어 끓이기** 3컵 분량의 다시마 국물에 전골 양념을 풀고 애호박, 두부, 양파를 먼저 넣어 끓인다.

* **상 차리기** 재료를 넣은 전골 국물에 생우동과 대파, 깻잎, 쑥갓을 넣고 끓여 낸다.

재료 넣어 끓이기

상 차리기

좀더 진한 전골 국물 맛을 내려면?

●● 우동 전골에는 다시마 국물을 사용하여 담백한 맛을 냈다. 이 국물을 낼 때 쇠고기를 넣어보자. 더욱 진하고 구수한 육수의 맛을 느낄 수 있다. 야채 역시 배추나 청경채 등 집에 있는 재료들을 더 넣어도 좋다.

고추와 마늘의 향을 즐기려면?

●● 재료를 볶을 때 팬에 기름을 두르고 고추와 다진 마늘을 먼저 볶아서 기름에 향이 배게 한다. 너무 뜨거운 상태에서 볶으면 마늘이 갈색으로 타면서 탄맛이 생기므로 투명해질 정도로만 볶아 준다.

재료 넣어 끓이기

연두부 넣어 끓이기

[연두부시금치우동]

재료

연두부 · · · · · · · · · · · · · · 1모
시금치 · · · · · · · · · · · · · · 80g
생우동 · · · · · · · · · · · · · · 300g
팽이버섯 · · · · · · · · · · · · · 100g
다진 마늘 · · · · · · · · · · · · · 1큰술
라유 · · · · · · · · · · · · · · · · 1/2큰술
중하 · · · · · · · · · · · · · · · · 3마리
파 · · · · · · · · · · · · · · · · · 1/2대
간장 · · · · · · · · · · · · · · · · 1큰술
술 · · · · · · · · · · · · · · · · · 1큰술
육수 · · · · · · · · · · · · · · · · 4컵
홍고추 · · · · · · · · · · · · · · · 1개

만들기

292 kcal

* **연두부 · 홍고추 썰기** 연두부는 큼직하게 썰고 홍고추는 잘게 썬다. 이때 연두부는 숟가락을 이용해 동그랗게 떠서 넣는 것도 좋다.

* **우동면 삶기** 시금치는 적당한 크기로 다듬어 두고 우동면은 삶아 둔다.

* **재료 넣어 끓이기** 팬에 라유를 두르고 홍고추 썬 것과 다진 마늘을 볶다 향이 나면 간장과 술, 육수를 붓고 새우를 넣어 끓인다.

* **연두부 넣어 끓이기** 끓인 국물에 시금치와 삶아 둔 우동면을 넣고 끓이다가 팽이버섯과 연두부를 첨가해 조금 더 끓여 준다.

* **상 차리기** 부족한 간은 소금으로 하고 그릇에 담아 낸다.

해물된장국수

다시마와 가다랭이 우린 국물에 일본 된장으로 맛을 낸 다음 오징어, 새우
등 해물을 얹어 내는 일본식 국수. 국물 맛이 무척 담백하고 개운하다.

367 kcal

재 료

생칼국수 · · · · · · · · · · · 400g	**국물 양념**	
물오징어 · · · · · · · · · · · 1/2마리	일본 된장 · · · · · · · · · 3큰술	
중하 · · · · · · · · · · · · · · · · 6마리	청주 · · · · · · · · · · · · · · · 2큰술	
팽이버섯 · · · · · · · · · · · · · · 1봉	혼다시 · · · · · · · · · · · · 2작은술	
쑥갓 · · · · · · · · · · · · · · · 5송이	소금 · 후춧가루 · · · · · · · 조금씩	
생표고 · · · · · · · · · · · · · · · · 2개		
불린 미역 · · · · · · · · · · · · · 조금	**가다랭이 국물**	
	다시마 · 가다랭이포 · · · · · · · 10g씩	
	물 · · · · · · · · · · · · · · · · · 7컵	

만들기

* **칼국수 삶기** 생 칼국수는 끓는 물에 잘 삶아 차가운 물에 헹궈 체에 밭쳐
물기를 빼준다. ····· 1

* **해물 손질하기** 물오징어는 깨끗이 손질하여 채썰고 새우는 등의 내장을
제거한 후 깨끗이 씻는다. ····· 2

* **버섯 손질하기** 팽이버섯은 밑동을 잘라내고 가닥가닥 떼어내고
생표고는 기둥을 떼어내고 채썬다. ····· 3

* **쑥갓 · 미역 준비하기** 쑥갓은 여린 잎만 준비하고 불린 미역은 한입
크기로 썬다. ····· 4

* **다시마 육수 만들기** 물 7컵에 분량의 다시마를 넣고 3~4시간 정도
우려낸 다음 냄비에 넣고 끓으면 다시마는 건져 낸다. ····· 5

* **가다랭이 넣기** 건져 낸 다시마 육수의 불을 끈 다음 가다랭이포를 넣고
뚜껑을 연 상태로 5분 정도 기다렸다가 고운 체에 밭쳐 국물을 걸러낸다. ····· 6

* **국물 맛내기** 냄비에 국물을 담고 끓으면 오징어, 새우, 팽이버섯, 표고,
불린 미역을 넣고 분량의 국물 양념을 넣어 맛을 낸다. ····· 7

* **상 차리기** 국수 그릇에 면 삶은 것을 담고 국물과 건더기를 퍼담고 그
위에 쑥갓을 얹어 완성한다. ····· 8

칼국수 삶기

해물 손질하기

버섯 손질하기

쑥갓 · 미역 준비하기

다시마 육수 만들기

가다랭이 넣기

국물 맛내기

상 차리기

요리 포인트

일본된장은 어떤 것이 적당할까?

●● 일본된장은 우리 나라의 된장과 달라서 오래 끓이면 산뜻한 맛이
사라지게 된다. 미리 만들어둔 다시마 육수에 해물과 야채를 넣고
끓이다가 마지막에 양념과 함께 풀어 넣어 준다. 이때 작은 된장
건지가 들어갈 수 있으므로 체에 대고 거르듯이 풀어주어야 한다.

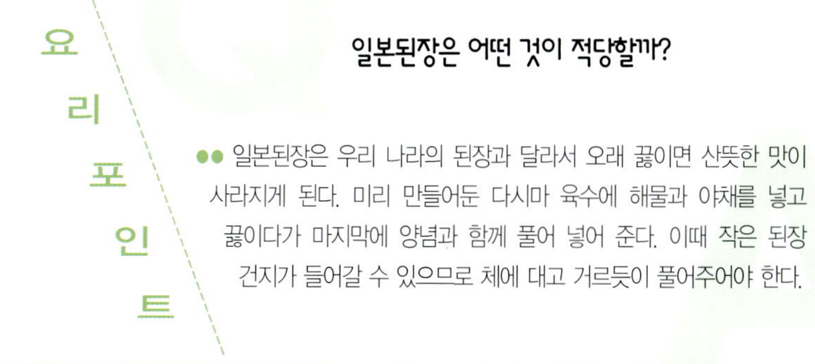

굴소스해물볶음면

주꾸미, 오징어, 새우 등 다양한 해물을 굴소스로 볶아 국수에 끼얹어 내는
중국식 별미 음식. 삶은 국수를 참기름으로 볶아 고소한 맛을 더한다.

재 료

453 kcal

삶은 생칼국수 · · · · · · · · · · · 450g	참기름 · 물녹말 · · · · · · · · · 조금씩
주꾸미 · · · · · · · · · · · · · 5마리	
오징어 · · · · · · · · · · · · · 1마리	**볶음굴소스**
새우 · · · · · · · · · · · · · · 6마리	굴소스 · · · · · · · · · · · · · 3큰술
청 · 홍고추 · · · · · · · · · · · 1개씩	다진 양파 · · · · · · · · · · · · 4큰술
양파 · · · · · · · · · · · · · · 1/2개	다진 마늘 · · · · · · · · · · · · 2큰술
청경채 · · · · · · · · · · · · · 1뿌리	고운 고춧가루 · 깨소금 · · · 1/2큰술씩
마늘 · · · · · · · · · · · · · · 3쪽	청주 · 설탕 · · · · · · · · · · · 1큰술씩
식용유 · 소금 · 후춧가루 · · · · 조금씩	후춧가루 · · · · · · · · · · · · 조금

만들기

* **주꾸미 손질하기** 주꾸미는 내장과 먹물 부위를 잘라내고 깨끗이 씻어
먹기 좋은 크기로 자른다.

* **오징어 손질하기** 오징어는 내장과 먹물 부위를 제거한 다음 껍질을 벗겨
씻어 건진다.

* **오징어 저며 썰기** 오징어는 안쪽 면에 일자로 좁게 칼집을 넣어준 후
길이 5cm, 폭 2cm로 얇게 저며 썬다.

* **볶음 재료 준비하기** 새우는 껍질을 벗기고 청경채는 폭 2cm로 어슷하게
저며 썬다. 양파는 채썰고 청 · 홍고추와 대파는 어슷 썰어 준다.

* **굴소스 만들기** 준비한 분량대로 양파와 마늘, 굴소스 등을 넣어
볶음굴소스를 만들어 골고루 저어 준다.

* **해물 볶기** 팬에 식용유를 두르고 저며 썬 마늘과 굴소스를 넣고 볶은
다음 해물을 넣고 볶는다.

* **야채 볶기** 해물을 넣어 볶은 팬에 홍고추, 양파, 청고추, 청경채, 대파의
순으로 넣고 볶은 후 약간의 물녹말을 뿌리고 참기름을 둘러 준다.

* **상 차리기** 삶은 국수는 참기름으로 볶은 후 만들어 놓은 굴소스
해물야채 볶음을 올린다.

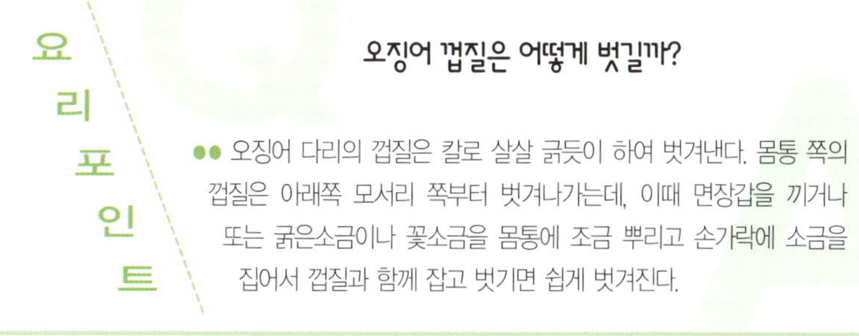

오징어 껍질은 어떻게 벗길까?

●● 오징어 다리의 껍질은 칼로 살살 긁듯이 하여 벗겨낸다. 몸통 쪽의
껍질은 아래쪽 모서리 쪽부터 벗겨나가는데, 이때 면장갑을 끼거나
또는 굵은소금이나 꽃소금을 몸통에 조금 뿌리고 손가락에 소금을
집어서 껍질과 함께 잡고 벗기면 쉽게 벗겨진다.

주꾸미 손질하기

오징어 손질하기

오징어 저며 썰기

볶음 재료 준비하기

굴소스 만들기

해물 볶기

야채 볶기

상 차리기

○ **팬** 요리의 분량과 요리법에 따라 다양한 크기와 깊이의 팬을 사용하게 된다. 위부터, 야채를 볶는 팬, 소스팬, 달걀팬이다. 소스팬은 다른 팬과는 달리 소재가 스테인리스이다.

○ **눌강판** 나무 주걱위에 말린 고래 내장을 붙여서 만든 와사비 강판. 와사비의 맛과 향을 그대로 살릴 수 있다.

국수 요리에 필요한 조리기구

조리에 알맞은 도구는 음식하는 시간을 단축시켜줄 뿐 아니라 적절한 시간 안에 음식을 완성시키므로 음식의 맛도 살릴 수 있다. 그럼, 국수요리에는 어떤 조리기구들이 필요한지 알아보자.

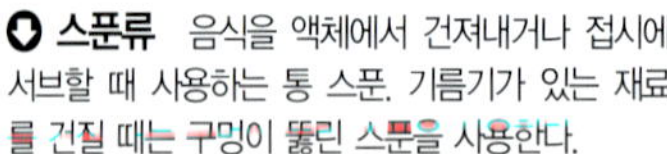

○ **체** 뜨거운 물에 국수를 삶아서 건질 때 필요하다. 야채나 해물을 뜨거운 물에 살짝 데칠 때도 사용하는데, 특별히 물이 빠지기 쉽도록 깔때기 모양의 체를 사용하기도 한다. 체는 재료를 곱게 내려 가루 상태로 만들 때도 사용한다.

○ **스푼류** 음식을 액체에서 건져내거나 접시에 서브할 때 사용하는 통 스푼. 기름기가 있는 재료를 건질 때는 구멍이 뚫린 스푼을 사용한다.

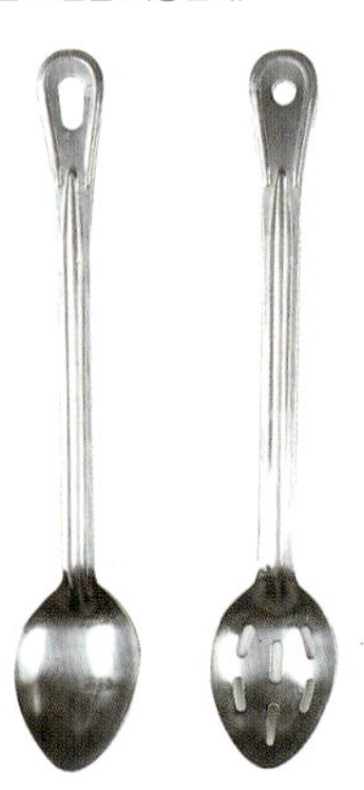

○ **국자** 국자는 국수를 떠 담거나 국물을 부어줄 때 주로 사용한다. 볶은 재료를 뒤섞을 때나 뒤집을 때, 음식 위에 소스를 부을 때도 쓴다.

○ **분마기** 사과즙과 같이 즙과 국물을 모두 쓰는 재료를 갈 때 사용하는 분마기. 꼭지가 있어 국물을 따라낼 때 편리하다. 오징어나 새우 등의 해산물과 야채, 깨 등을 으깰 때도 사용한다.

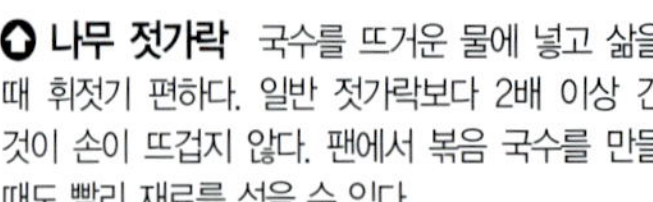

○ **뒤집개** 기름에서 튀겨내거나 볶는 등 기름기가 많은 요리를 할 때는 구멍이 뚫린 뒤집개를 사용한다. 평평하고 넙적한 뒤집개를 많이 쓰게 된다.

○ **나무 젓가락** 국수를 뜨거운 물에 넣고 삶을 때 휘젓기 편하다. 일반 젓가락보다 2배 이상 긴 것이 손이 뜨겁지 않다. 팬에서 볶음 국수를 만들 때도 빨리 재료를 섞을 수 있다.

○ **칼** 가장 많이 쓰이는 다용도 칼. 칼끝으로 갈수록 폭이 점점 좁아지고 뾰족한 것이 특징. 야채를 다지거나 썰 때, 육류 요리에도 사용한다. 칼국수 반죽을 밀대로 밀어 말아서 채썰어 줄때도 필요하다.

쫄깃한 칼국수 만드는 필수 재료

기본 요령만 익히면 시판 칼국수보다 쫄깃거리는 면을 집에서 만들 수 있다.
찰지고 쫄깃한 칼국수 만드는 법과 응용 칼국수 만들기를 배워보자.

밀가루

칼국수 면의 가장 중요한 재료인 밀가루는 함유하고 있는 단백질의 양과 성질에 따라 여러가지 종류로 나누어진다. 단백질의 함량이 많고, 끈기가 강한 것을 강력분, 단백질의 양이 적고 끈기가 약한 것이 박력분이다. 그리고 이 두 가지의 중간 정도의 성질을 가진 것이 중력분이며 가정용으로 가장 많이 쓰인다. 칼국수용으로는 이 중력분이 적당하다. 중력분으로는 만두피나 중국요리에 쓰이는 면을 만든다.

밀가루를 쓸 때는 필요한 양만 덜어서 사용하고 사용했던 밀가루는 다시 넣지 않는다. 또한 밀가루 입자는 주변의 수분이나 냄새를 잘 흡수하기 때문에 화장품이나 비누, 나프탈렌 등 냄새가 강한 물건을 같이 두지 말고 시원하고 건조한 곳에 잘 밀봉하여 보관한다.

메밀가루

메밀은 쌀이나 밀가루보다 아미노산이 풍부하고 가루가 곱고 잘 익어 소화가 잘 되는 곡물. 단 영양 성분 중 점성이 강한 단백질의 함량이 낮아 메밀가루만으로는 면을 만들기가 어려워 밀가루나 콩가루 등 다른 곡물가루를 섞어주게 된다. 메밀가루와 콩가루를 반반씩 섞거나 밀가루를 1/5정도만 섞어서 반죽을 해 준다. 일반적으로 메밀국수면에 밀가루나 녹말이 많이 섞여있을수록 하급품으로 친다.

김치국물

시원한 김치 칼국수를 만들때 면 반죽에 김치국물을 넣는다. 칼국수 국물에만 김치 국물을 넣는 것보다 좀더 새콤한 김치 칼국수 맛을 즐길 수 있다. 밀가루 반죽에 별도의 물은 넣지 않아도 되며, 밀가루 3컵에 김치국물 1/3컵 분량이면 된다. 중간 정도로 익은 김치 국물을 사용해야 새콤하고 시원한 김치 칼국수 맛을 낼 수 있다.

소금

기본적인 간을 맞추고 반죽자체를 좀더 쉽게 하기 위해 넣어준다. 소금은 밀가루의 단백질인 글루텐을 좀더 활성화시켜 주게 되어 반죽의 쫄깃함을 살려주게 된다. 칼국수면 반죽에 사용하는 소금은 화학적으로 정제된 맛소금이나 가는 꽃소금 모두 적당하다.

식용유

식용유는 밀가루 입자 사이사이를 메꿔 주는 역할을 하여 좀더 치밀하면서도 부드러운 면이 되게 한다. 또한 물과 소금으로만 반죽했을 때보다 반죽이 훨씬 잘 뭉쳐지며 손에도 덜 묻는다. 경우에 따라서는 숟가락으로 몇번 저어주는 것만으로도 쉽게 반죽 할 수 있다. 밀가루 3컵에 식용유 1큰술 정도로 넣어주면 된다. 올리브오일이나 옥수수유 등 다른 종류의 기름을 넣어도 되지만 향이 강한 들깨기름, 참기름 등은 적합하지 않다.

도토리 가루

주로 묵으로 많이 먹는 도토리 가루도 칼국수에 넣어 먹을 수 있다. 도토리의 껍데기를 까서 말린 다음 분마기에 빻아 4~5일 동안 물에 담가 떫은맛을 우려낸다. 하루에 한번씩 물을 바꿔주면 좀더 빨리 떫은 맛을 빼낼 수 있다. 떫은맛이 빠진 웃물을 버리고 가라앉은 앙금을 말려 도토리가루를 만든다. 도토리가루는 시중에서도 쉽게 구할 수 있으므로 밀가루에 적당량을 섞어 칼국수 반죽을 만들 수 있다.

칡

약용으로도 널리 쓰이는 칡뿌리에는 전분이 많아 이를 이용하여 떡이나 과자를 만들기도 한다. 특히 칡국수는 강원도 지역의 특산품으로 많이 알려져 있다. 칡뿌리에서 뽑아낸 칡녹말은 칡즙을 여러번 가라앉힌 앙금에서 얻어낸 녹말가루로 여기에 밀가루를 섞어 국수면을 만든다. 밀가루와 칡가루의 배합비율은 3대 1정도면 적절하다.

달걀

달걀은 면을 쫄깃하고 고소하게 해준다. 또한 노른자의 색깔 때문에 연한 미색이 도는 면을 만들 수 있다. 밀가루 3컵에 달걀 1개 분량이면 적당하다. 달걀이 들어갈 경우 달걀 자체의 수분이 더해지기 때문에 물은 약간 적게 넣어준다.

콩가루

날 콩가루는 칼국수의 면을 한층 더 쫄깃하게 만들어준다. 보통 밀가루에 5대 1 비율로 밀가루 2컵 반에 날콩가루는 1/2컵 분량을 넣어주면 적당하다. 반죽할 그릇에 밀가루와 콩가루를 함께 넣고 반죽해 주면 되는데, 좀더 균일하게 잘 섞으려면 체를 이용한다. 체를 그릇에 걸어두고 밀가루와 함께 내려서 고르게 섞어준 뒤 반죽한다.

녹차가루

녹차 칼국수의 색은 가루차가 주인공. 가루차는 이름 그대로 차잎을 말려 가루로 만든 것이다. 차잎을 따서 수분을 없애고 분쇄기로 입자가 곱게 갈아 가루 째 마시는 차다. 칼국수 반죽에 녹차가루를 넣을 때는 연한 색이 돌 정도로 밀가루 3컵에 1/2작은술 정도만 넣어준다. 차 잎의 성분을 그대로 즐길 수 있는 요리가 된다.

감자

감자를 칼국수 반죽에 넣을 때는 보통 삶아 으깬 상태로 넣거나 감자가루(녹말)를 넣는다. 밀가루 300g에 감자는 400g정도면 적당하다. 감자를 삶아서 으깬 다음 밀가루와 소금을 넣고 오랫동안 치대어 반죽한다. 감자 특유의 부드러운 맛을 느낄 수 있다.

4

각양 각색 라면요리

여느 가정집에서도 흔히 볼 수 있는 저장식.
연탄불, 양은 냄비에 조리하면 최상의 맛을 낸다는
자취생들의 주식, 라면.
팔팔 끓는 물에 넣어 하면 한끼
식사 대용으로 때워지던 라면이
요즘은 두터운 매니아층을
형성하면서 그 조리법과 맛이
한층 다양화 되었다죠?
그럼 요즘 라면 매니아들은 어떻게 먹고 있을까요?
아이들의 간식으로도 그 역할을 톡톡히 해 낼
다양한 라면요리들을 알아볼까요?

라면의 영양, 이렇게 높이세요

인스턴트 라면을 그대로 먹기 허전하다 싶으면 국물을 바꿔 주거나 다양한 부재료를 넣어 특별한 라면으로 만들어보자.
냉장고 속에 있는 재료 몇 가지만으로 지금까지 몰랐던 새로운 라면의 매력을 맛볼 수 있다.

육류

라면스프 자체가 고기 국물맛을 내지만 아무래도 화학 조미료 맛이 강하다. 영양도 높이면서 다소 진한 고기 국물맛을 즐기고 싶다면 돼지고기와 쇠고기를 이용하면 좋다. 단, 라면 자체가 빨리 익는 음식이므로 잘게 썰거나 다져서 넣어 주어야 한다. 국물이 진하면서 다소 느끼해질 수 있기 때문에 마늘, 고추 등의 향이 강한 채소나 고추장, 또는 고춧가루, 후춧가루 등을 더 첨가해 먹으면 맛있다.

사골국물

사골을 푹 고아낸 국물이 있다면 이 국물에 라면을 끓여보자. 사골국물만 써도 되고 냉수와 섞어 진하면서도 부드

러운 맛을 즐길 수 있다. 면과 스프 두 가지를 다 넣고 끓여도 되고 설렁탕을 먹는 것처럼 스프는 넣지 않고 소금만 넣어서 끓이고 나중에 대파를 듬뿍 넣고 먹어도 좋다.

고추장·된장

고추장은 라면의 칼칼한 맛을 살려주면서 국물의 농도를 짙게 만들어 준다. 라볶이나 라면덮밥 등을 만들 때 이용하면 좋다. 된장의 경우도 마찬가지. 단백질이 풍부한 된장은 의외로 라면과 잘 어울릴 뿐만 아니라 라면의 부족한 영양적 측면을 보완해준다. 라면 한 개 분량에 된장은 1/2큰술 정도로 넣어 주고 거의 다 끓었을 때 썰어 놓은 파를 넣어 조금 더 끓여준다.

치즈

치즈가 들어간 라면은 일반 분식집에서도 흔히 찾아볼 수 있을 정도로 보편화된 조리법이다. 보통 슬라이스 치즈를 많이 쓰는데, 이는 라면에 치즈의 진한 맛을 더 해준다. 반면

라면 특유의 향은 감소되는 면이 있지만 진하고 고소한 맛을 주기 때문에 즐겨 넣게 되는 재료.

우유

라면에 우유를 넣을 때는 거의 다 익었을 무렵에 넣는다. 우유가 들어간 라면은 부드럽고 고소한 맛을 낸다. 우유 역시 단백질이 풍부하므로 라면과 궁합이 잘 맞는다. 단 너무 많이 넣으면 느끼하기 때문에 2~3큰술 정도가 적당하다.

김치

김치의 새콤하고 시원한 맛이 라면과 함께 하면 더욱 배가 된다. 라면에 넣는 김치는 중간 정도로 익거나 아주 많이 익은 상태가 더 맛있다. 배추김치나 김장 김치를 많이 넣지만 총각김치도 아삭거리는 맛이 있어 좋다. 경우에 따라 동치미 무도 아주 잘 어울린다. 어떤 종류의 김치를 넣든 잘게 송송 썰어 넣어야 맛있다. 너무 크면 뜨거운 맛에 가려져 맛을 제대로 느끼기 어렵다.

버섯

표고버섯, 느타리버섯, 팽이버섯 등이 라면과 잘 어울리는 버섯. 버섯의 질감이 쫄깃하기 때문에 라면의 면발과도 아주 잘 맞는다. 표고버섯이나 느타리버섯의 경우는 납작하게 썰어서 채썬 다음 넣어 주고 팽이버섯은 밑동을 잘라 하나씩 떨어지게 하여 넣는다. 두께가 얇은 팽이버섯은 먹기 직전에 넣어야 쫄깃함이 사라지지 않는다. 버섯이 들어가게 되면 국물도 시원해지고 버섯 특유의 향기 때문에 라면냄새를 좋아하지 않는 사람도 맛있게 먹을 수 있다.

야채

아마도 가장 쉽게 넣을 수 있는 재료들

이 야채류일 것이다. 콩나물, 쑥갓, 당근, 풋고추, 양파, 호박, 양배추, 깻잎, 파, 마늘 등이 라면의 영양과 맛을 한 단계 높여준다.

쑥갓이나 깻잎처럼 향이 강하고 푸른 채소는 먹기 직전에 넣어 주어야 맛과 향을 모두 즐길 수 있다. 익는데 시간이 다소 필요한 당근, 콩나물 등은 라면보다 먼저 넣거나 동시에 넣는다. 특히 콩나물의 경우에는 뚜껑을 덮고 끓여야 비린내가 나지 않으므로 주의. 또한 볶음 스타일의 라면 요리에는 완두콩도 잘 어울린다.

해물류

오징어, 새우, 홍합, 미더덕, 굴 등의 해물로 라면과 함께 하면 최고의 맛을 내 준다. 보통 라면집의 짬뽕라면, 해물라면 등에서 자주 찾아보게 되는 재료는 오징어. 오징어를 5cm길이로 도톰하게 썰어서 야채와 함께 볶아준 다음 끓인 라면에 넣어 준다. 우동라면을 먹을 때는 다른 해산물보다도 굴이 가장 잘 어울린다. 우동국물의 시원함과 잘 맞기 때문.

계란

라면의 부족한 단백질을 높여 주는 대표적인 재료인 계란. 너무 흔한 계란이지만 넣을 때도 여러 가지 방법이 있다. 그릇에 풀어서 완전히 섞어 주는 방법, 깨뜨려 넣되 터뜨리지 않고 삶은 계란처럼 만드는 방법, 반숙 상태 정도로 위에 올려주는 방법 등. 각자 식성에 맞게 계란을 익히면 되지만 계란이 국물에 완전히 풀어지게 되면 국물맛이 다소

탁해지기 때문에 어느정도 계란이 뭉쳐 있게 끓이는 것이 좋다.

어묵·햄·맛살

끓인 라면, 볶은 라면 등 다양한 라면 요리에 어울리는 재료. 어묵을 넣을 때는 면이 거의 다 익었을 무렵에 넣어 주어야 좀더 쫄깃한 상태의 어묵을 먹을 수 있다. 처음부터 넣게 되면 너무 불어서 퍽퍽해진다. 맛살도 마찬가지로 나중에 넣어 주는데 색감을 높여주는데 큰 몫을 하므로 마름모 모양이나 가늘게 찢는 등 모양을 살려 넣어 준다. 햄은 맛도 중요하지만 훈제향 등이 첨가되어 라면에 색다른 맛을 주게 된다.

참치

바다의 영양을 듬뿍 담고 있는 참치. 일반 통조림 참치를 넣을 때는 같이 들어 있던 식용유의 기름을 쪽 빼고 넣어 주는 것이 좋다. 통조림 안의 국물을 넣어도 좋은데, 이때도 역시 기름층을 잘 분리해서 국물만 넣는다. 대체로 생선 통조림은 이와 같은 방법으로 라면에 넣을 수 있고 맛도 좋다.

북어

해장라면을 끓일 때 같이 넣어주면 금상첨화. 북어가 들어가면서 국물 맛을 시원하게 만들어줄 뿐만 아니라 건더기도 풍부해져 식욕을 자극하게 된다. 가늘게 찢어져 있는 북어포를 사용하는 것도 좋다.

순대

순대국을 좋아하는 사람이 즐길 만한 메뉴. 라면이 절반쯤 익으면 순대를 넣어서 끓인다. 처음부터 순대를 넣게 되면 순대가 다 풀어지게 된다. 순대 냄새를 줄이려면 고춧가루와 풋고추, 파, 마늘 등의 양념을 넣어준다. 또는 이 재료들을 알맞게 섞어서 다데기를 만들어 풀어 먹어도 좋다.

만두

만두는 면이 1/3 쯤 익었을 때 넣어준다. 처음부터 넣게 되면 만두피가 너무 많이 불어나게 되고 만두 자체가 국물

을 너무 많이 흡수해서 국물이 졸아든다. 시판 냉동 만두를 넣을 때는 해동하여 넣는 것도 이런 현상을 방지하는 한 방법. 좀더 좋은 방법은 완성된 라면에 찐만두를 넣어먹는 것. 쫄깃한 만두피가 살아 있는 만두와 담백한 맛의 라면을 동시에 즐길 수 있다.

떡·마카로니

떡은 가래떡을 어슷하게 썬 떡국떡이 가장 좋다. 떡의 두께가 두껍지 않기 때문에 라면과 함께 금방 익기 때문. 이탈리아 파스타의 하나인 마카로니는 국물이 자작한 볶음 라면 요리에 넣으면 또 다른 맛을 즐길 수 있다. 마카로니는 따로 삶을 필요 없이 라면을 끓일 때 같이 넣어 끓여 주면 된다.

초콜렛

달콤한 맛이 의외로 라면과 잘 어울린다. 초콜렛을 전자렌지에 녹이거나 액체 상태의 초콜렛 시럽을 준비한다. 녹인 초콜렛을 찬물에 담그면 온도 차이에 의해 작은 조각으로 굳는다. 다 끓인 라면 위에 초콜렛 가루를 양념처럼 뿌려서 먹는다. 달콤하고 쌉싸름한 맛이 더해져 색다른 맛을 느낄 수 있다.

해물볶음라면

매일 똑같은 끓여 먹는 라면 맛에 싫증이 났다면 새우, 오징어, 죽순 등
해물과 야채를 넣고 소스를 넣어 볶아 별미 라면을 만들어 보자.

재 료

481 kcal

라면 · · · · · · · · · · · · · · · 2개	다진 생강 · · · · · · · · · · 1/2작은술
새우 · · · · · · · · · · · · · · 6마리	식용유 · · · · · · · · · · · · · 2큰술
오징어 · · · · · · · · · · · · · 1/2마리	
양파 · 주황색 파프리카 · · · · · 1/2개씩	**소스**
죽순 · · · · · · · · · · · · · · 1/2캔	돈까스소스 · · · · · · · · · · · 4큰술
청경채 · · · · · · · · · · · · · · 포기	청주 · 참기름 · 바비큐소스 · · · 1큰술씩
다진 마늘 · · · · · · · · · · · 1/2큰술	소금 · 후춧가루 · · · · · · · · · 조금씩

만 들 기

＊ 라면 삶기 라면은 끓는 물에 넣고 3분 정도 삶은 뒤 건져 찬물에
헹궈놓는다.

＊ 새우 준비하기 새우는 머리를 떼어 껍질을 벗긴 후 이쑤시개를 이용해서
새우 등쪽 내장을 제거해둔다.

＊ 오징어 준비하기 오징어는 소금을 깨끗이 씻은 다음 껍질을 벗기고 5cm
길이로 길게 채썬다.

＊ 야채 준비하기 양파는 얇게 채썰고 죽순은 빗살 무늬를 살려 자른다.
청경채는 2등분하고 파프리카는 오징어 길이로 자른다.

＊ 재료 볶기 팬에 기름을 두르고 마늘, 생강을 넣어 볶다가 새우와
오징어를 넣고 함께 볶아 준다.

＊ 야채 볶기 새우와 오징어가 익으면 준비한 양파, 죽순, 청경채,
파프리카를 넣어 함께 볶는다.

＊ 소스 만들기 준비된 분량의 돈까스 소스, 바비큐 소스, 소금, 후추,
참기름을 잘 섞어 소스를 준비해 둔다.

＊ 라면 볶기 야채가 거의 익으면 찬물에 건져 헹궈놓은 라면을 넣고
준비한 소스에 잘 버무려 볶아낸다.

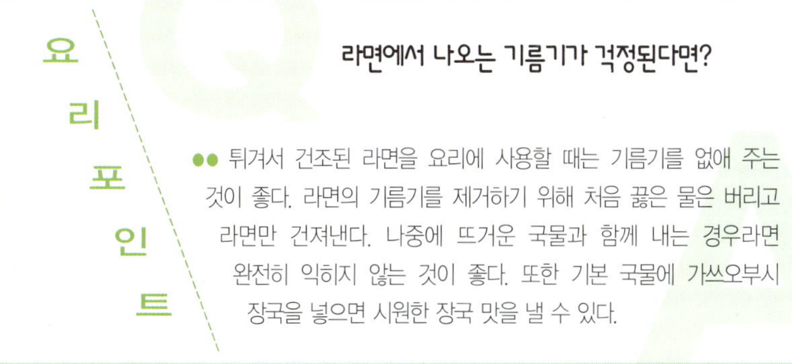

요리포인트

Q 라면에서 나오는 기름기가 걱정된다면?

●● 튀겨서 건조된 라면을 요리에 사용할 때는 기름기를 없애 주는
것이 좋다. 라면의 기름기를 제거하기 위해 처음 끓은 물은 버리고
라면만 건져낸다. 나중에 뜨거운 국물과 함께 내는 경우라면
완전히 익히지 않는 것이 좋다. 또한 기본 국물에 가쓰오부시
장국을 넣으면 시원한 장국 맛을 낼 수 있다.

라면 삶기

새우 준비하기

오징어 준비하기

야채 준비하기

재료 볶기

야채 볶기

소스 만들기

라면 볶기

라면모듬전골

버섯라면샤브샤브

[라면모듬전골]

재료

라면 · · · · · · · · · · · · · · · 3봉
김치 · · · · · · · · · · · · · · · 200g
오징어 · · · · · · · · · · · · · · 1마리
두부 · · · · · · · · · · · · · · · 1/2모
청 · 홍고추 · · · · · · · · · · · 2개씩
양파 · · · · · · · · · · · · · · · 1개
대파 · · · · · · · · · · · · · · · 1뿌리
라면스프 · · · · · · · · · · · · · 3개
물 · · · · · · · · · · · · · · · · 5컵
고춧가루 · · · · · · · · · · · · · 조금

만들기

545 kcal

* **김치 준비하기** 김치는 속을 대강 털어내고 반폭으로 쪼개 4~5cm 길이로 썬다.

* **오징어 썰기** 오징어는 손질하여 껍질을 벗긴 다음 안쪽에 칼집을 넣어 2×5cm 크기로 썬다.

* **야채 썰기** 두부는 두껍지 않게 납작하게 썰고 청 · 홍고추는 어슷 썰고, 대파는 4~5cm 길이 1cm로 썬다.

* **국물 만들기** 분량의 물에 라면스프와 고춧가루를 원하는 양만큼 풀어 준다.

* **재료 넣어 끓이기** 넓은 전골팬에 손질한 재료들을 돌려 담고 고춧가루를 푼 국물을 부어 끓인다.

* **전골 끓이기** 라면은 물에 적신 후 건져서 약간 불리고 라면의 건야채스프도 뿌려 전골팬에 넣고 끓인다.

재료 넣어 끓이기

전골 끓이기

전골 국물을 쉽게 만들려면?

●● 전골 국물로는 다시마 국물이나 멸치 다시물이 많이 쓰인다. 여기에 약간의 쇠고기를 넣어 주기도 한다. 하지만 김치, 오징어, 고추 등에서 맛이 우러나기 때문에 라면스프와 고춧가루만으로도 전골 국물을 만들 수 있다. 여기에 생표고, 팽이버섯, 부추, 배추, 청경채 등 버섯 종류와 기타 야채를 넣어 주기도 한다.

담백한 고기 맛을 즐기려면?

●● 샤브샤브용 고기는 덩어리 상태에서 흐르는 물에 살짝 씻어 핏물을 빼두면 텁텁한 맛이 없는 담백하고 깔끔한 맛을 즐길 수 있다. 또한 마지막에 국물에 넣어 먹을 라면을 미리 삶아두어도 되는데, 이때 식초를 조금 넣으면 기름기가 제거된다.

[버섯라면샤브샤브]

버섯 준비하기

샤브샤브용 국물 만들기

재료

라면 · · · · · · · · · · · · · · · 2개
양파 · · · · · · · · · · · · · · · 120g
만가닥버섯 · · · · · · · · · · · · 1팩
실파 · · · · · · · · · · · · · · · 60g
생표고 · · · · · · · · · · · · · · 100g
고기 · · · · · · · · · · · · · · · 200g
양송이 · · · · · · · · · · · · · · 100g
쑥갓 · · · · · · · · · · · · · · · 50g

샤브샤브 국물

물 · · · · · · · · · · · · · · · · 8컵
다시마 · · · · · · · · · · · · · · 20g
라면스프 · · · · · · · · · · · · · 2개

만들기

386 kcal

* **버섯 씻기** 팽이버섯, 만가닥버섯은 밑동을 잘라낸 다음 가다을 떼어내고 흐르는 물에 가볍게 씻어 둔다.

* **버섯 썰기** 생표고도 기둥을 떼어내고 씻어 굵직하게 채썬다. 양송이도 깨끗이 씻어 굵직하게 썬다.

* **야채 준비하기** 양파는 채썰고 실파는 4~5cm 길이로 썰어서 준비된 재료들을 접시에 예쁘게 담는다.

* **샤브샤브용 국물 만들기** 분량의 물과 다시마를 넣고 5분 정도 끓인 다음 다시마는 건져낸다.

* **라면 넣어 끓이기** 끓여 놓은 샤브샤브 국물에 라면스프를 넣고 끓으면 재료들을 넣어 익혀 먹은 후 마지막에 라면을 넣고 끓여 먹는다.

라면닭고기크림탕

라면, 베이컨, 닭살, 고구마 등 다양한 재료가 어우러진 퓨전 음식.
부드러우면서도 매콤한 카레크림소스를 끼얹어 독특한 맛이 난다.

재료

488kcal

		카레크림 소스	
라면	1개	밀가루	1큰술
베이컨	1쪽	카레 가루	2큰술
고구마	1개	다진 양파	4큰술
닭살	100g	버터	1큰술
양파	1/2개	닭 육수·우유	1컵씩
건포도	1큰술	설탕	1큰술
파슬리 가루·올리브유	조금씩	소금·후춧가루	조금씩

만들기

* **고구마 튀기기** 고구마는 껍질을 벗겨 밤알 굵기로 삼각지게 썰어
튀김기름에서 속까지 익도록 노릇하게 튀겨 낸다.

* **닭살 익히기** 닭살은 작은 밤알 굵기로 썰어 끓는 물에서 익혀 체에
건져놓는다. 이때 닭 가슴살을 이용하면 담백한 맛을 느낄 수 있다.

* **카레 가루 넣어 볶기** 양파는 3cm의 폭으로 썰어준 다음 팬에 버터를
녹여 양파를 넣고 볶다가 밀가루와 카레 가루를 넣고 조금 더 볶아 준다.

* **카레크림 소스 만들기** 카레 가루를 넣어 볶은 팬에 닭 육수를 부어
풀면서 끓이다가 우유를 넣고 끓여준다.

* **카레크림 소스에 간하기** 우유를 넣고 끓인 소스에 양파와 닭살을 넣고
푹 끓이다가 설탕, 소금, 후춧가루로 간을 한 다음 건포도를 넣어 준다.

* **베이컨 썰기** 베이컨은 3등분 길이로 잘라 0.5cm 폭으로 채썰고, 라면을
삶아 건져 물기를 빼둔다.

* **라면 볶기** 채썰어 놓은 베이컨을 올리브유로 볶다가 삶은 라면을 넣고
고소하게 볶아 준다.

* **상 차리기** 고구마 튀김은 볶은 라면에 곁들어 담고 뜨거운 카레크림
소스를 끼얹고 파슬리 가루를 뿌려 준다.

요리 포인트 Q **카레크림 소스의 맛을 진하게 하려면?**

●● 카레 가루를 넣어 볶은 팬에 닭육수와 우유를 넣어서 **소스를**
만든다. 좀더 진한 맛을 내고 싶으면 우유의 양을 조금 줄이고
생크림을 첨가한다. 소스는 체에 내리고 설탕, 소금, 후춧가루로
간을 한 다음 건포도를 넣는다. 카레크림 소스를 만들 때 양파와
닭살이 푹 삶아지도록 해야 부드러운 맛을 낼 수 있다.

고구마 튀기기

닭살 익히기

카레 가루 넣어 볶기

카레크림 소스 만들기

카레크림 소스에 간하기

베이컨 썰기

라면 볶기

상 차리기

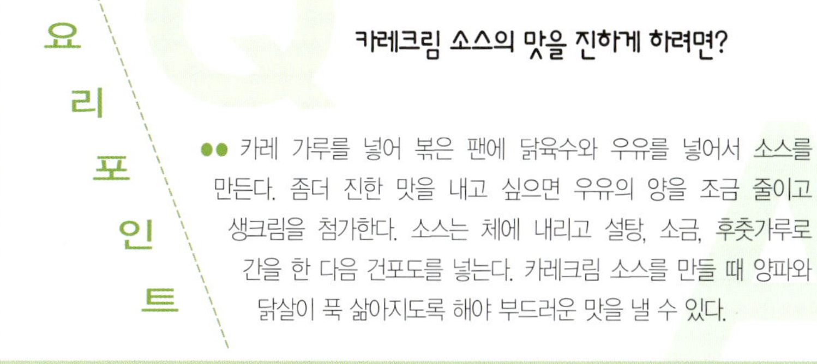

비빔냉라면  · · · · · · 라면샐러드

[비빔냉라면]

재료

라면	2개
양상추	3잎
새우	2마리
치커리 외 서양채소	50g
토마토	1개
오이	1/2개
피망	1/3개

양념장

식초	2큰술
육수	2큰술
간장	1/2큰술
소금	1작은술
참기름	조금
설탕 · 고춧가루	1큰술씩
다진 마늘 · 실파	2큰술씩

만들기

652 kcal

* **야채 썰기** 토마토와 상추, 치커리는 한입 크기로, 오이와 피망은 채썰거나 적당한 크기로 썬다.

* **새우 삶기** 새우는 소금으로 씻은 후 껍질과 내장을 제거해 깨끗이 손질한 후 삶아 둔다.

* **라면 삶기** 라면은 끓는 물에 3분 정도 삶아 찬물에 헹구어 물기를 빼둔다.

* **양념장 만들기** 그릇에 준비한 갖은 재료를 넣고 양념장을 만든다.

* **상 차리기** 큰 그릇에 라면과 야채를 넣고 양념장을 끼얹어 고루 섞거나 모듬으로 준비하여 양념장을 끼얹는다.

야채 썰기

라면과 야채에 양념장 끼얹기

비빔냉라면에 어울리는 육수는?

●● 쇠고기 육수, 닭육수, 멸치 다시 등 대부분의 육수가 잘 어울린다. 육수를 미리 준비하기 어려울 때는 배즙을 넣어도 된다. 단, 배즙을 사용할 경우에는 단맛이 더해지기 때문에 설탕을 약간 덜 넣는 것이 좋다. 생배즙을 구하기 어려우면 배즙 음료도 괜찮다.

요리 포인트

재료의 양을 나타낼 때 '조금'이란 어느 정도?

●● 보통 재료의 양은 큰술, 작은술로 나타낸다. 큰술은 계량스푼으로 15cc, 작은술은 5cc의 양. '조금'은 1/4작은술보다 더 적은 양. 즉 집게 손가락과 엄지 손가락으로 집었을 때 살짝 묻는 정도의 양이다.

[라면샐러드]

라면 볶기

드레싱 만들기

재료

라면	1개
오이	1/2개
당근	1/4개
셀러리	1/3대
수박	1쪽
올리브유	1큰술

드레싱

올리브유	2큰술
토마토케첩	1큰술
레먼즙	1작은술
소금 · 흰후추 · 파슬리가루	조금씩
머스터드소스	1작은술
우스터소스	1작은술

만들기

474 kcal

* **라면 볶기** 라면을 끓는 물에 삶은 후 찬물에 헹구고 팬에 올리브유를 둘러 볶는다.

* **야채 썰기** 오이와 당근은 4cm의 길이로 채썰고 셀러리는 잘게 채썬다. 수박은 사방 2cm의 크기로 잘라 준다.

* **드레싱 만들기** 케첩, 레먼즙, 머스터드 등의 재료들을 분량대로 잘 섞어 드레싱을 만들어 준다.

* **상 차리기** 접시에 라면과 야채를 돌려 담고 드레싱을 얹은 후에 수박을 올려 상에 낸다.

닭살브로콜리샐러드

튀긴 라면에 피넛소스를 끼얹어 즐기는 샐러드. 땅콩버터와 마요네즈,
꿀을 섞어 한데 만든 소스가 고소하면서도 감칠맛 난다.

재 료

644 kcal

라면 · · · · · · · · · · · · · · · 1개	양배추 잎 · · · · · · · · · · · · · 2장
식용유 · · · · · · · · · · · · · · 1컵	
닭 가슴살 · · · · · · · · · · · · 2쪽	**피넛 소스**
대파 · · · · · · · · · · · · · · 1/2대	땅콩버터 · · · · · · · · · · · · 2큰술
브로콜리 · · · · · · · · · · · · 50g	마요네즈 · · · · · · · · · · · · 1큰술
굵은소금 · · · · · · · · · · · · 조금	꿀 · · · · · · · · · · · · · · · 2작은술

만들기

*** 라면 삶기** 라면은 면만 꺼내 팔팔 끓는 물에 넣어 꼬들하게 삶아 건져
물기를 뺀다.

· · · · · 1

*** 라면컵 만들기** 속이 깊은 팬에 기름을 붓고 팔팔 끓이다가 사리를 조금
건져 얹어 담은 오목 국자를 국자째 기름에 담가 라면이 노르스름하게 될
때까지 튀겨 건진다.

· · · · · 2

*** 닭 가슴살 삶기** 닭 가슴살과 손질한 대파를 냄비에 넣고 닭이 잠길
정도로 물을 부어 속까지 무르도록 삶아 건진다.

· · · · · 3

*** 닭고기 썰기** 닭고기가 식으면 길이로 얄팍하게 저며 썬다. 편으로 썬
닭고기를 먹기좋게 반으로 잘라 주는 것도 좋다.

· · · · · 4

*** 브로콜리 삶기** 브로콜리는 작은 송이로 떼어 팔팔 끓는 물에 소금을
조금 넣어 파랗게 데친 후 빨리 찬물에 헹궈 건진다.

· · · · · 5

*** 양배추 썰어 물기 빼기** 양배추 잎은 굵은 심을 도려내고 씻어 가늘게
채썰어 물에 담갔다가 건져 종이 타월로 싸서 물기를 닦는다.

· · · · · 6

*** 피넛 소스 만들기** 땅콩버터, 마요네즈, 꿀 등 준비한 재료를 섞어 피넛
소스를 만든다.

· · · · · 7

*** 상 차리기** 라면 튀긴 것을 접시에 올린 후 양파와 양배추를 튀긴 라면
속에 담고 닭고기와 브로콜리를 얹은 후 피넛 소스를 듬뿍 얹어 낸다.

· · · · · 8

라면의 동그란 모양을 살리려면?

●● 라면은 끓는 물에 넣어 중간 정도로 익혀서 건지고 물기를 빼둔다.
튀김기름은 속이 깊은 팬에 붓고 180℃ 정도로 끓이다가 오목한
국자에 라면 사리를 조금 건져 얹어 담고 국자째 기름에 담가
라면이 노르스름하게 될 때까지 튀겨 건진다. 라면을 국자에 담가
국자째 기름에 넣어 오목한 모양을 살려 튀기는 것이 포인트.

라면 삶기

라면컵 만들기

닭 가슴살 삶기

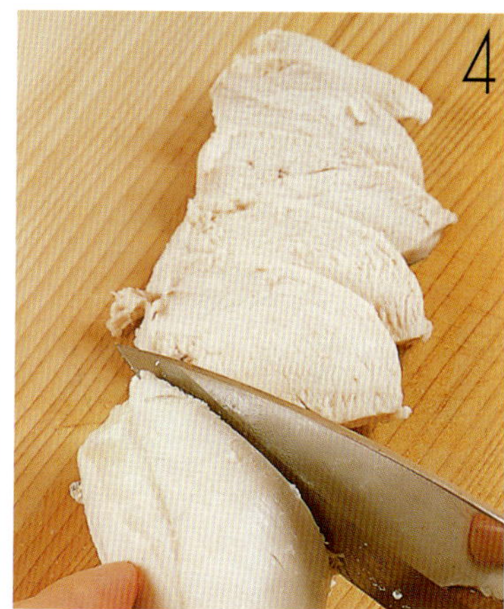

닭고기 썰기

브로콜리 삶기

양배추 썰어 물기 빼기

피넛 소스 만들기

상 차리기

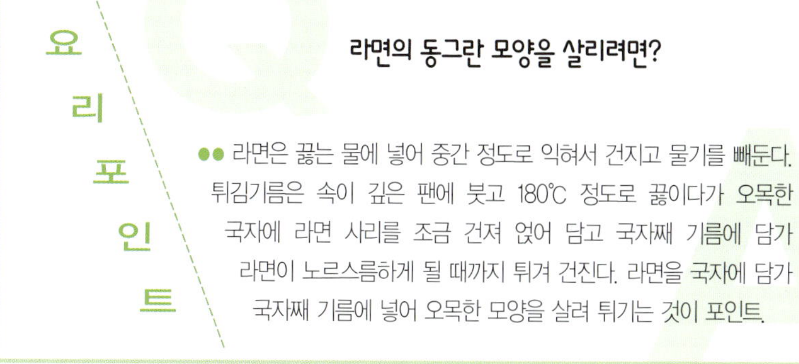

피망소스라면볶음

중국요리의 누룽지탕을 응용한 별미라면. 생라면을 팬에 노릇하게 구운 다음 걸쭉한 피망소스를 끼얹어 먹는 맛이 그만이다.

재료

426 kcal

라면 · · · · · · · · · · · · · 2봉	굴소스 · · · · · · · · · · · · 2큰술
쇠고기 홍두깨살 · · · · · · · · 120g	간장 · 참기름 · · · · · · · 1/2큰술씩
청피망 · · · · · · · · · · · · 1개	녹말물 · · · · · · · · · · · · 3큰술
색색의 파프리카 · · · · · · 1/2개씩	청주 · · · · · · · · · · · · · 1큰술
대파 · · · · · · · · · · · · 1/3줄기	물 · · · · · · · · · · · · · 1과1/2컵
생강 · · · · · · · · · · · · · 1/2톨	소금 · 식용유 · · · · · · · · · 조금씩

만 들 기

* **라면 삶기** 라면은 끓는 물에 넣고 쫄깃하게 삶아 건진 후 찬물에 헹구어 물기를 뺀다.

* **쇠고기 썰기** 쇠고기는 기름기 있는 부위를 제거하고 살코기 부위로 골라 4cm 길이로 채썬다.

* **파프리카 채썰기** 청 · 홍 · 주황 파프리카는 씨와 하얀 속을 잘라내고 4cm 길이로 채썰고 대파와 생강은 3cm 길이로 채썬다.

* **라면 굽기** 팬을 뜨겁게 달군 다음 기름을 두르고 라면 삶은 것을 넣어 주걱으로 눌러 주면서 표면이 노릇하게 굽는다. 한 면이 노릇해지면 뒤집어 뒷면도 마저 구워 접시에 담는다.

* **재료 볶기** 오목한 팬에 기름을 조금 두르고 대파와 생강을 볶다가 채썬 쇠고기를 넣어 볶는다.

* **소스 간하기** 쇠고기가 익으면 물을 붓고 굴소스, 간장, 청주로 간하여 끓인다.

* **피망 소스 만들기** 소스가 끓으면 피망 채썬 것을 넣고 조금 더 끓인 후 녹말물을 풀어 넣어 걸쭉해지면 참기름을 넣어 마무리한다.

* **상 차리기** 구운 라면 위에 갖은 재료를 넣어 끓인 따끈한 피망 소스를 끼얹는다.

1 · · · · · ·
2
3 · · · · ·
4
5 · · · · ·
6
7
8

요 리 포 인 트

삶은 라면을 바삭하게 구우려면?

●● 라면은 먼저 끓는 물에서 쫄깃한 상태가 되게 삶아 건져 찬물에 헹구고 물기를 빼둔다. 물기 빠진 라면은 뜨겁게 달군 팬에 얹는다. 이때 라면을 나무주걱으로 눌러가며 노릇하게 구워 고소하고 바삭한 맛을 낸다. 삶은 라면의 물기를 충분히 빼지 않으면 기름이 튀고 눅눅해 지게 된다.

라면 삶기

쇠고기 썰기

파프리카 채썰기

라면 굽기

재료 볶기

소스 간하기

피망 소스 만들기

상 차리기

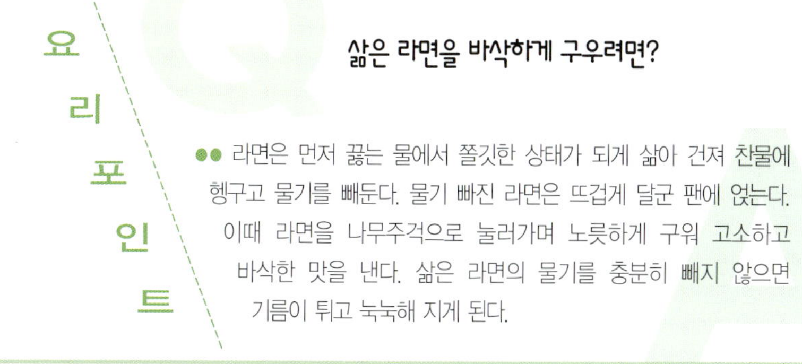

카레라면강정

짬뽕라면

[카레라면땅]

재 료

라면 · · · · · · · · · · · · · · · · · · · 1개
다진 마늘 · · · · · · · · · · · · 1/2큰술
버터 · · · · · · · · · · · · · · · · · · 1큰술
식용유 · · · · · · · · · · · · · · · · 1큰술
카레 가루 · · · · · · · · · · · · · 2큰술
다진 파슬리 · · · · · · · · · · 2작은술
너트 믹스 · · · · · · · · · · · · · 1/3컵
다진 땅콩 · · · · · · · · · · · · · · 조금

만들기

475 kcal

* **라면 굽기** 라면은 통째로 180~200℃의 오븐에 넣어 10~15분간
굽는다. 팬에 구울 경우 팬을 달군 후 노릇하게 구워낸다.　····· 1

* **먹기 좋은 크기로 자르기** 오븐에 구운 라면을 한입 크기로 네모지게
자른다.　····· 2

* **너트 믹스 다지기** 너트 믹스는 종이를 깔고 분쇄기의 방망이나 칼등을
이용해 굵직하게 다져 놓는다.　····· 3

* **카레 가루에 볶기** 팬에 버터와 식용유를 두르고 다진 마늘을 볶다가
카레 가루와 다진 파슬리를 넣고 볶는다.　····· 4

* **상 차리기** 카레의 색이 갈색으로 나면 구운 라면과 너트 믹스를 넣어
볶은 뒤 그릇에 담고 다진 땅콩을 뿌려 낸다.　····· 5

라면 굽기

카레 가루에 볶기

라면을 노릇하게 구우려면?

●● 라면은 자르지 않고 통째로 오븐이나 오븐 토스터기에 넣어
180~200℃에서 굽는다. 이 방법을 사용하면 기름을 사용하지 않아
좀더 담백한 맛을 즐길 수 있다. 고소한 맛을 즐기고 싶다면 한 겹으로
쪼개서 팬에 식용유나 올리브유를 두르고 노릇하게 구워낸다.

좀더 매콤한 국물 맛을 내려면?

●● 야채를 볶다가 국물에 고춧가루를 넣어 매운맛을 내는데, 더
매운맛을 즐기고 싶다면 마른고추를 사용해 본다. 팬에 식용유를
두르고 다진 마늘과 함께 마른고추 어슷 썬 것을 3~4쪽 넣어
매운맛을 우려낸다. 고춧가루만으로 매운맛을 내는 것보다 더
강하고 뒷맛이 깔끔하다.

해물 손질하기

국물 만들기

[짬뽕라면]

재 료

라면 · · · · · · · · · · · · · · · · · · 2개
양파 · · · · · · · · · · · · · · · · · 100g
대파 · · · · · · · · · · · · · · · · · · 40g
당근 · · · · · · · · · · · · · · · · · · 20g
홍합 · · · · · · · · · · · · · · · · · · · 6개
갑오징어 · · · · · · · · · · · · · 200g
대하 · · · · · · · · · · · · · · · · · 6마리
부추 · · · · · · · · · · · · · · · · · · 20g

양념

고운 고춧가루 · · · · · · · · · · 1큰술
다진 마늘 · · · · · · · · · · · · · · 1큰술
소금 · 라면스프 · · · · · · · · · 조금씩
식용유

만들기

413 kcal

* **야채 썰기** 양파는 굵직하게 채썰고 대파는 어슷썰기로 썬다. 당근은
모양을 내어 썬다.　····· 1

* **해물 손질하기** 갑오징어는 손질하여 채썰고 대하와 홍합은 손질하여
깨끗이 씻어 둔다.　····· 2

* **부추 다듬기** 부추는 뿌리와 대를 깨끗이 손질하여 흐르는 물에 씻어
건진 후 3~4cm 길이로 썬다.　····· 3

* **국물 만들기** 팬에 식용유를 살짝 두르고 손질한 재료를 넣고 볶다가
고춧가루와 물을 적당량 부어 한소끔 끓으면 라면스프와 소금을 넣어
맛을 낸다.　····· 4

* **상 차리기** 라면은 따로 삶아 그릇에 담고 완성된 국물을 부은 다음 그
위에 부추를 얹어 낸다.　····· 5

카레라면

쫄깃하게 삶은 라면에 카레소스를 넣고 살짝 볶아서 내는 볶음라면.
소스를 따로 만든 다음 삶은 라면에 끼얹어 먹어도 맛있다.

재료

518kcal

돼지고기 안심 · · · · · · · · · · · · 150g	밀가루 · · · · · · · · · · · · · · · 2큰술
감자 · · · · · · · · · · · · · · · · · 2개	육수 · · · · · · · · · · · · · · · · · 3컵
당근 · · · · · · · · · · · · · · · · · 60g	라면 사리 · · · · · · · · · · · · · · 2개
양파 · · · · · · · · · · · · · · · · · 1/2개	소금 · 후춧가루 · 식용유 · · · · 조금씩
카레 가루 · · · · · · · · · · · · · · 4큰술	허브 잎 · 파슬리 가루 · · · · · · 조금씩

만들기

✳ 돼지고기 썰기 돼지고기는 살코기 부위를 사방 1cm 크기로 네모지게
썬다.

✳ 야채 썰기 감자, 당근은 껍질을 벗기고 사방 1cm 크기로 네모지게 썰고
양파도 같은 크기로 썬다.

✳ 카레 소스 만들기 오목한 팬에 기름을 두르고 카레가루와 밀가루,
육수를 조금 넣어 끓이다 나머지 육수를 붓고 멍울이 없도록 고루 저어
카레 소스를 만든다.

✳ 재료 볶기 팬에 기름을 두르고 다진 마늘, 돼지고기 넣어 볶다 고기의
표면이 익으면 감자, 당근, 양파를 넣고 물 1/2컵을 붓고 끓인다.

✳ 카레 만들기 돼지고기와 채소가 완전히 익으면 준비한 카레 소스를
부어 섞는다.

✳ 라면 삶기 끓는 물에 라면 사리를 넣고 쫄깃하게 삶아지면 찬물에 헹군
뒤 건진다.

✳ 카레 라면 만들기 기름을 조금 두른 팬에서 라면을 볶다가 만들어 놓은
카레를 끼얹어 조금 더 볶는다.

✳ 상 차리기 완성된 카레라면을 그릇에 담고 허브 잎이나 파슬리 가루로
먹음직스럽게 모양을 낸다.

요리 포인트

더욱 맛깔스러운 카레 맛을 내려면?

●● 맛깔스러운 카레맛을 내기위해 카레 소스를 만들 때 육수를 넣어
주는 것이 중요. 카레 가루와 밀가루는 2대1의 비율로 섞어 주고 물
대신 육수를 조금만 넣고 덩어리가 지지 않게 잘 풀어 준 다음, 남
은 육수를 모두 부어 주는 것이 편리하다. 피망 또는 브로콜리나
애호박 등의 푸른 채소를 넣어주면 색감과 맛을 더할 수 있다.

돼지고기 썰기

야채 썰기

카레 소스 만들기

재료 볶기

카레 만들기

라면 삶기

카레 라면 만들기

상 차리기

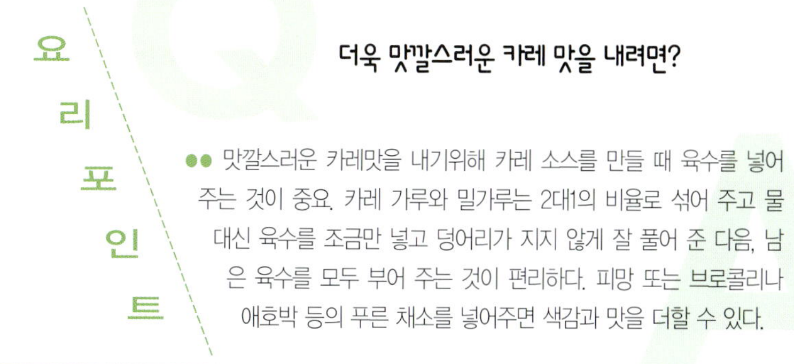

라면해물전골

달걀을 풀어 넣은 평범한 라면으로 만족할 수 없다면 냉장고를 뒤져보자.
남은 재료를 잘 손질해서 함께 끓이면 근사한 전골요리가 탄생된다.

재 료

441kcal

라면 · 팽이버섯	1봉씩	쑥갓 · 소금 · 후춧가루	조금씩
새우	5마리		
대파	1/2뿌리	**전골국물**	
청 · 홍고추	1개씩	다시마 우린 물	3컵
오징어	1/2마리	라면스프	1봉
김치	150g	청주 · 다진 마늘	1큰술씩
유부	3장	고춧가루	1과1/2큰술

만들기

*** 새우 · 유부 준비하기** 새우는 등 쪽의 내장을 빼내고 껍질째로 씻어
건지고 유부는 신선한 것을 준비하여 1cm 폭으로 썬다.

*** 야채 준비하기** 대파는 4cm 길이로 잘라 반으로 쪼개고, 청 · 홍고추는
어슷 썰고 팽이버섯은 밑동을 잘라내고 가닥을 분리한다.

*** 오징어 손질하기** 오징어는 내장과 먹물 부위를 잘라내고 껍질을 벗겨
소금물에 씻어 건진다.

*** 오징어 썰기** 오징어는 몸통 안쪽에 0.5cm 폭으로 바르게 칼집을 넣어준
다음 반대 방향으로 넘어 2~3번째 칼집에서 어슷하게 썬다.

*** 배추김치 준비하기** 배추김치는 속을 털어 내고 반쪽으로 갈라 4cm
길이로 썰어 둔다.

*** 라면 준비하기** 라면은 끓는 물에 쫄깃하게 삶은 뒤 찬물에 적셔 건져
꼬들꼬들한 상태로 둔다.

*** 전골 국물 만들기** 분량의 재료를 다시마 우린 물에 섞어 전골 국물을
만들어 골고루 저어 준다.

*** 재료 넣어 끓이기** 전골냄비에 준비한 재료를 돌려 담고 분량의 전골
국물을 부어 끓여 간을 맞춘 후 쑥갓을 넣어 준다.

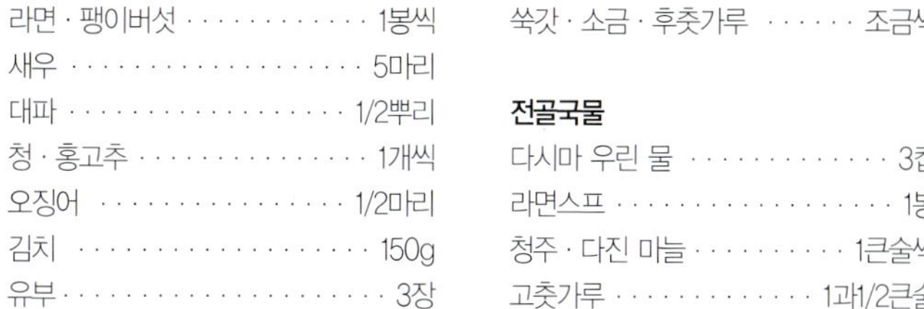

요리포인트

Q 라면 때문에 전골 국물이 모자라지 않게 하려면?

●● 전골요리의 면은 마지막에 넣는 것이 기본. 면이 많은 국물을 흡수
하기 때문에 면이 들어가는 전골은 국물의 간을 미리 맞추면 너무 짜
지기 쉽다. 간은 국물을 붓고 나서 한 번 끓어오른 뒤에 맞추고, 라
면은 미리 찬물에 담갔다 빼서 물기를 머금게 해두면 좋다. 건조
야채스프를 넣어 맛이 우러나도록 하는 것도 좋은 방법.

새우 · 유부 준비하기

야채 준비하기

오징어 손질하기

오징어 썰기

배추김치 준비하기

라면 준비하기

전골 국물 만들기

재료 넣어 끓이기

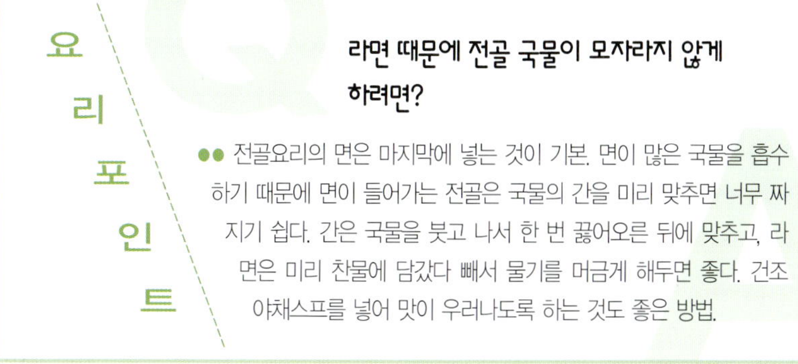

라면달걀탕

얼큰하고 걸쭉한 국물이 일품인 라면 달걀탕. 술 마신 다음날 해장국으로
준비하면 후루룩 마시기만 해도 속이 확 풀린다.

재 료

670 kcal

달걀 · · · · · · · · · · · · · · · 2개	**물녹말**
쪽파 · · · · · · · · · · · · · · · 5대	물 · 녹말 · · · · · · · · · · 1큰술씩
보리새우 · · · · · · · · · · 2큰술	
다시마 우린 물 · · · · · · · 3컵	**양념장**
라면 사리 · · · · · · · · · · 2개	고춧가루 · 다진 마늘 · · · · · · 1큰술씩
물녹말 · · · · · · · · · · · 2큰술	진간장 · · · · · · · · · · · · · · 1큰술
	청주 · 참기름 · · · · · · · · · 1작은술씩
	소금 · 후춧가루 · · · · · · · · · · 조금씩

만들기

*** 라면 삶아 준비하기** 라면은 사리만 준비해서 끓는 물에 삶아 건져
찬물에 헹구어 물기를 뺀다.

*** 물녹말 만들기** 물녹말은 물과 녹말을 1큰술씩 섞어서 녹말이 가라앉지
않도록 잘 풀어 혼합한다.

*** 양념장 만들기** 고춧가루, 간장, 청주, 참기름 등의 양념장 재료를
분량대로 섞어 양념장을 만든다.

*** 보리새우 준비하기** 보리새우는 젖은 면보에 닦아 먼지를 없앤 후 마른
팬에 볶아 비린맛을 없애고 쪽파는 2cm 길이로 썬다.

*** 달걀물 만들기** 달걀은 곱게 풀어 달걀물을 만든다.

*** 국물 만들기** 냄비에 다시마 우린 물을 붓고 끓으면 볶아 둔 보리새우와
양념장을 넣어 함께 끓인다.

*** 달걀물과 쪽파 넣어 끓이기** 양념장을 넣어 끓인 국물의 맛이 진하게
우러나면 쪽파와 달걀물을 넣어 젓가락으로 저어서 익힌다.

*** 상 차리기** 달걀물을 넣은 국물에 라면사리를 넣어 뜨겁게 토렴을 시킨
후 그릇에 담고 달걀국물에 물녹말을 부어 걸쭉하게 한 후 그릇에 한
국자씩 건더기와 함께 부어서 상에 낸다.

요리포인트

Q 달걀탕의 국물 농도는 어떻게 맞출까?

●● 양념장을 넣은 국물에 달걀을 풀어서 젓가락으로 저어 달걀이 적
당히 흩어지도록 한다. 달걀탕의 농도는 물녹말로 맞추는데 물과 녹
말을 1대 1로 섞어서 조금씩 넣고 저어가면서 농도를 맞춰 준다. 보
통 탕수육의 소스보다 조금 묽은 상태가 먹기 좋다.

라면 삶아 준비하기

물녹말 만들기

양념장 만들기

보리새우 준비하기

달걀물 만들기

국물 만들기

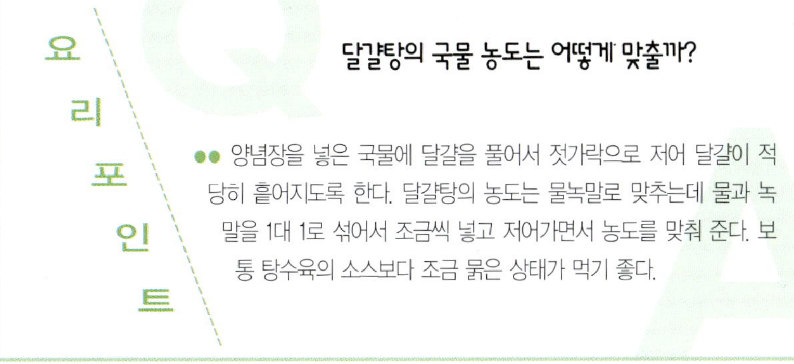

달걀물과 쪽파 넣어 끓이기

물녹말 넣어 끓이기

라면탕수

값싸게 준비할 수 있는 라면으로 일품 요리를 만들어 보자. 프루츠 칵테일 시럽으로 탕수소스를 만들어 더욱 감칠맛이 난다.

재 료

*401*kcal

라면 사리 · · · · · · · · · · · · · · 2개	설탕 · · · · · · · · · · · · · 1/2큰술
후르츠칵테일 · · · · · · · · · · · · 1컵	소금 · · · · · · · · · · · · · 적당량
시럽(프루츠칵테일의 시럽) · · · · 1/2컵	물녹말 · · · · · · · · · · · · · 3큰술
물 · · · · · · · · · · · · · · · · · 1/2컵	끓는 기름 · · · · · · · · · · · · 1큰술
식초 · · · · · · · · · · · · · · · · 2/3컵	튀김기름 · · · · · · · · · · · · 적당량

만들기

* **라면 튀기기** 라면은 170~180℃ 정도의 기름에 바삭하게 튀긴다. 이때 바삭하게 튀기려면 옆으로 반을 가르는 것이 좋다.

* **튀긴 라면의 기름 빼기** 바삭하게 튀긴 라면은 그릇 위에 키친타월을 깐 뒤 그 위에 놓아 기름을 뺀다.

* **프루츠칵테일 시럽 받아두기** 프루츠칵테일은 체에 받쳐서 시럽은 따로 준비하고 프루츠 칵테일은 물기를 제거한다.

* **시럽 끓이기** 냄비에 시럽과 분량의 물을 붓고 끓으면 소금으로 간을 하고 설탕과 식초로 맛을 낸다.

* **프루츠칵테일 넣어 끓이기** 시럽물이 끓으면 프루츠칵테일을 넣고 한소끔 더 끓인다.

* **소스 만들기** 물과 녹말을 1:1로 섞어 준비하고 소스가 끓으면 물녹말을 넣고 끓이면서 농도를 조절한다.

* **끓는 기름 넣기** 농도를 조절한 시럽 소스에 끓는 기름을 넣어 고루 섞어서 윤기를 준다.

* **소스 얹어 내기** 튀겨 놓은 라면을 적당히 잘라 접시에 담고 그 위에 프루츠칵테일 소스를 얹어 섞어서 먹는다.

라면 튀기기

튀긴 라면의 기름 빼기

프루츠칵테일 시럽 받아두기

시럽 끓이기

프루츠칵테일 넣어 끓이기

소스 만들기

끓는 기름 넣기

소스 얹어 내기

요리포인트

라면의 바삭한 맛을 살리려면?

●● 라면을 더욱 바삭하게 만들려면 180℃ 정도의 기름에서 튀겨낸다. 라면이 두꺼우면 속까지 노릇노릇해지지 않으므로 라면이 한 겹이 되도록 반으로 쪼개 준다. 면발이 가는 라면을 사용할 경우에는 좀 더 빠르게 튀겨낸다. 프루츠칵테일 외에 색색의 파프리카를 네모 지게 썰어서 소스에 넣으면 색감과 맛이 한결 더 살아난다.

"""

라볶이

독특하면서도 매콤한 맛을 즐기는 라볶이. 라볶이를 할 때는 라면을 반쯤
익혀서 찬물에 헹군 다음 볶아야 불지 않고 쫄깃한 맛이 살아난다.

재 료

509 kcal

라면 · · · · · · · · · · · 3개	청주 · · · · · · · · · · · 1큰술
양배추 · · · · · · · · · · 100g	우스터소스 · · · · · · · · · 2큰술
당근 · · · · · · · · · · · 50g	
붉은 고추 · 양파 · · · · · · 1개씩	**양념**
풋고추 · · · · · · · · · · · 2개	파 · · · · · · · · · · · · 50g
	다진마늘 · · · · · · · · · · 1큰술
볶음 소스	마른고추 · · · · · · · · · · 1개
고추기름 · · · · · · · · · · 4큰술	소금 · 후춧가루 · · · · · · · 조금씩

만들기

*** 양배추 준비하기** 양배추는 흐르는 물에 깨끗이 씻은 뒤 5cm의 길이,
0.5cm 폭으로 채썬다.

*** 당근 · 양파 채썰기** 분량의 당근과 양파는 껍질을 벗기고 깨끗이 씻어
채썰어 접시에 담아둔다.

*** 고추 채썰기** 붉은 고추와 풋고추는 씨를 빼고 채썰고, 마른고추는 씨를
빼고 가위로 잘라 채를 썰어준다.

*** 소스 만들기** 분량의 고추기름, 우스터소스, 청주를 섞어 볶음 소스를
만든다.

*** 라면 삶기** 끓는 물에 라면을 넣어 반쯤 익힌 후 건져 찬물에 헹궈둔다.

*** 야채 볶기** 팬에 기름을 두르고 다진마늘과 채썬 마른고추를 넣어
볶다가 향이 나면 준비한 양파와 양배추, 당근을 볶는다.

*** 라면 넣어 볶기** 야채가 어느 정도 익으면 찬물에 헹궈 건져 둔 라면을
넣고 함께 볶는다.

*** 소스 넣기** 야채와 라면을 볶으면서 소스를 넣어 고루 젓는다. 간을
맞춰가면서 소금과 후춧가루로 맛을 낸다.

요리포인트

**Q 텁텁하지 않은 매콤한 라볶이 소스를
만들려면?**

●● 보통 고추장과 케첩을 이용해 라볶이 소스를 만들므로 다소
텁텁하고 신맛이 강하다. 고추기름과 우스터소스를 이용해 라볶이를
만들면 매콤하면서도 간이 맞고 개운한 맛을 낼 수 있다. 매운맛의
라볶이 소스에 찐만두나 군만두를 찍어 곁들여 먹으면 간식과
밤참으로 더할 나위 없이 좋다.

양배추 준비하기

당근 · 양파 채썰기

고추 채썰기

소스 만들기

라면 삶기

야채 볶기

라면 넣어 볶기

소스 넣기

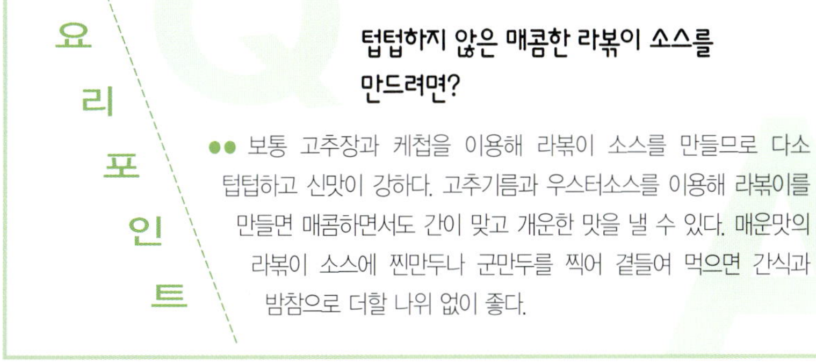

유명한 라면집 Best 8

야참으로 자주 먹는 라면이지만 좀처럼 흉내낼 수 없는 맛을 선보이는 라면집들.
밥 생각이 없을 때, 또는 뜨거운 라면국물이 생각날 때엔 찾으면 후회없는 선택이 될 유명한 라면집을 찾아가 보자.

라면 땡기는 날

··· 종로구 화동 정독도서관 앞에 위치한 '라면 땡기는 날' 의 라면 맛은 이미 이 일대에서는 정평이 나 있다. 특히 뚝배기에 나오는 라면 맛으로 입소문이 자자한데, 뚝배기가 열을 오래 유지해서 금방 식지 않는 장점이 있다.

··· 이 집에서 만들어지는 라면의 기본은 동일하다. 물을 넣지 않은 뚝배기에 라면을 넣고, 미리 썰어둔 양배추, 버섯, 파를 얹은 후 이것을 기본으로 각 라면의 성격에 맞게 재료를 추가시키는 것. 특히 맵고 얼큰하면서도 깔끔한 맛이 일품인 짬뽕라면과 생강을 갈아넣은 된장라면이 인기가 좋은데, 짬뽕라면은 기름기가 없어 깔끔하고 시원한 맛을 내고 된장라면은 담백하고 개운하다. 센 불에 재빨리 끓여 면발이 쫄깃하고 신선한 라면이 뚝배기에서 보글보글 끓고 있는 것을 보면 절로 군침이 돈다. 뚝배기에서 담긴 얼큰한 라면이 생각날 때는 이곳을 찾아보자.

🚗 지하철 3호선 안국역 1번 출구 아트선재센터 맞은 편

🍜 짬뽕라면 2천원, 된장라면 2천원

📞 (02) 733-3330

테마라면

··· 특색있는 이름을 붙인 점이 재미있는 라면집. 보통 라면으로 떼우기의 약자 '라보떼', 떡과 계란을 사발에 담았다는 뜻의 '떡사발', 새콤한 김치와 라면의 절묘한 만남 '새콤치', 얼큰하고 시원한 해물라면 '바다가 육지라면', 각종 야채와 햄으로 볶아낸 라면 만두 탕수육 '라만다'. 이곳의 '테마라면'의 메뉴판을 들춰보면 재미있는 라면 이름에 웃음을 짓게 된다.

··· 이곳 라면맛의 비결은 바로 사골 육수를 사용한다는 점. 고소하고 깊은 국물 맛이 테마라면의 특징이다. 그 위에 다대기를 넣어 마치 설렁탕을 먹는 기분도 난다.

또한 라면에 한약재를 넣기도 한다. 가장 잘 나가는 메뉴는 빨간 국물과 부푼 계란이 얼큰한 육계장라면, 빨계면과 짬뽕면. 그외 라면을 이용한 다양한 요리를 선보이기도 한다.

서울에 15여 개, 지방에 20여 개의 체인점이 있다.

🚗 종로구 관수동 시사영어사 뒷골목

🍜 빨계면 2천원, 바다가 육지라면 2천5백원, 라만다 2천9백원

📞 (02) 2269-7285

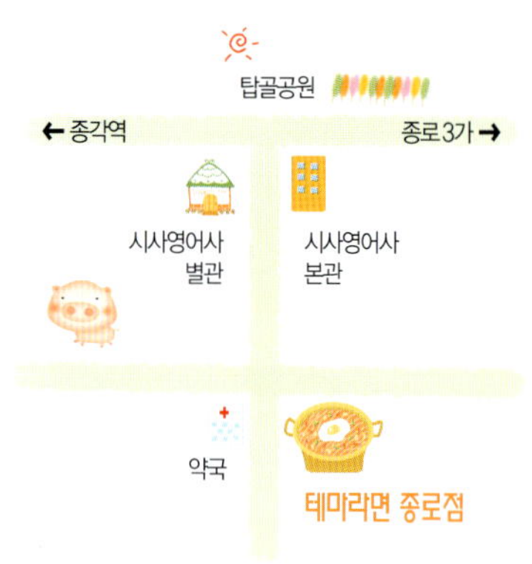

누들파티

··· 라면은 푹 익은 걸 좋아하는 사람이 있는 반면에 덜 익은 걸 좋아하는 사람이 있고, 김치를 넣은 걸 좋아하는 사람이 있는가 하면, 계란 넣은 라면을 싫어하는 사람도 있어서 간편해보이는 조리법이지만, 식성과 기호에 따라 달리 조리해 먹어야 하는 특성이 있다. 이런 점에 착안해 생겨난 라면집이 바로 이 집이다. 대학로에 위치한 '누들파티'는 각자 자기 식성에 맞게 라면을 끓여먹을 수 있는 셀프라면집이다.

··· 주문하면 필요한 재료만 가져다 주고, 각자 테이블에서 본인의 식성에 맞게 라면을 끓여 먹으면 된다. 스파게티와 비슷한 모양의 생크림 라면 등 갖가지 퓨전 라면도 이곳에서 매니아들에 의해 다양하게 시도되고 있다.

🚗 대학로 마로니에 공원 뒷편 골드러시 빌딩 지하

🍜 라면 토핑에 따라 3천원~4천원선

📞 (02) 744-9285

행복한 라면

··· 명동 유투존 매장 옆에 자리 잡은 '행복한 라면'은 3층 규모로 40여 테이블이 마련된 라면 전문점치고는 제법 큰 규모를 자랑한다. 매장도 라면집 같지 않게 베이지 톤과 원목이 어울려 깔끔하고 포근한 분위기. 라면을 시키면 곁다리로 나오는 주먹밥과 김밥이 별미이다.

··· 이곳의 라면은 다른 라면에 비해 얼큰하고 시원한데 주먹밥과 김밥이 그 얼얼함을 식혀주는데 한 몫 한다. 여자 손님들은 라면으로 만든 수제비인 '라제비'를, 남자 손님들은 얼큰한 '짬뽕라면'을 많이 먹는다고. 여름철에는 새콤한 냉면과 메밀도 맛볼 수 있다.

🚗 명동 유투존 건물 오른쪽

🍜 행복한 라면 4천원, 오징어라면 5천원, 짬뽕라면 3천5백원

📞 (02) 755-0358

오늘은 라면생각

··· 라면과 김밥을 맛볼 수 있는 곳으로 카페, 술집, 바, 클럽 등 보다 젊은 문화를 즐길 수 있는 홍대 앞을 찾아온 학생과 직장인들의 출출한 속을 달래주는 이곳의 인기메뉴는 가게 이름을 붙인 '오늘라면'과 '해물라면'. 비록 주머니 사정은 넉넉치 않지만 입맛이 까다로운 홍대 앞의 단골들을 잡기 위해서 쫄깃한 면발과 깔끔한 국물맛을 선보인다.

··· 인테리어에 민감한 신세대 취향에 맞춰 카페처럼 깨끗하게 신경썼다. 후식으로 맛있는 커피까지 주는 흐뭇한 인심도 만점. 가게의 사장이 미술에도 관심이 많아 가게 안에 직접 만든 인형들도 전시해 놓아 라면이 나오는 동안 눈도 심심하지 않다.

🚗 홍대 놀이터 앞 춘천닭갈비 옆 골목

🍜 오늘라면 2천5백원, 해물라면 3천원

📞 (02) 336-2387

체스

··· 신촌 대학가에 위치한 라면집으로 깔끔한 인테리어가 신선한 느낌을 준다. 블랙과 화이트로 포인트를 준 인테리어가 라면집치고는 너무 깔끔해서 오히려 카페같은 분위기를 선사하며 친절한 서비스도 일품.

··· 정말 시원한 맛이 그대로 묻어 나오는 국물맛이 특징으로 깔끔한 맛을 위해 면을 데쳐내듯이 끓인다. 대학가에 위치한 덕에 학생손님이 많은 이곳은 가격 역시 부담없다. 주인 여사장님의 편안하고 유쾌한 분위기와 식사 후에 제공되는 다방커피 서비스까지 기분 좋게 만들어 준다.

🚗 신촌 서강대 입구 빵구미 옆골목

🍜 보통라면 2천5백원, 치즈라면 3천원

📞 (02) 714-5883

틈새라면

··· 명동에서 이 집을 모르면 간첩 소리를 듣는 유명한 라면집. 명동을 찾은 일본관광객들에게도 꼭 들러야할 관광명소로 대접받는 이 집의 대표적인 메뉴 '빨게떡'은 빨간 고춧가루와 계란, 떡이 들어간 라면으로 탄생한지 무려 22년이나 된 라면이다.

'빨게떡'은 라면 특유의 기름기나 냄새가 나지 않고 땀을 쏙 뺄 정도로 맵고 얼큰한 맛이 특징. 처음에는 매워서 망설이다가도 한번 맛을 보면 오묘한 양념의 배합에서 나오는 얼큰한 맛을 잊지 못하게 된다고 한다.

··· 이 곳의 인기비결은 생산된 지 2주된 라면만을 사용하여 가장 찰진 면발을 유지하고 맛이 달아나지 않도록 양은 냄비에 고열로 재빨리 끓여내는 것. 다른 곳에서는 볼 수 없는 나무그릇에 담겨 나오는 것도 쫄깃한 면발을 유지하는 데 큰 몫을 한다고.

사방이 찾아온 손님들의 낙서로 도배된 이곳은 하루에도 몇시간씩 줄을 서서 기다리는 진 풍경을 연출하기도 한다.

🚗 명동 유투존 뒷쪽길 파파이스 옆 골목에서 왼쪽 골목 사이

🍜 빨게떡 2천5백원

📞 (02)756-5477

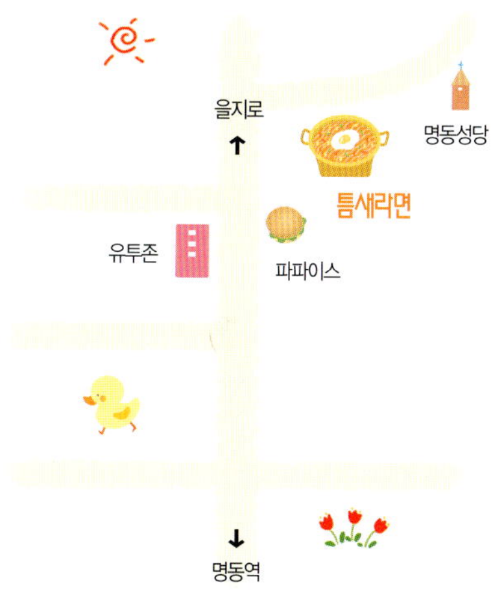

황토군 토담면 오다리

··· 신문과 TV등 각종 매체에 얼굴이 알려진 라면집. 군대에서 사용하는 반합과 식판 등이 벽면에 디스플레이 된 이 집은 들어서는 순간, 군대에 간 듯한 느낌을 준다.

라면을 담아 내오는 용기가 반합과 식판, 양은 냄비다. 단연 군대의 추억 중 빼놓을 수 없는 라면의 추억을 떠올리고 싶어하는 남자들이 많이 찾고, 호기심으로 찾는 여성 고객도 많아 점심시간엔 순서를 기다려야 할 정도.

··· 라면 외에도 비빔밥과 수제비, 각종 안주류도 있다. 라면 메뉴는 매운맛이 나는 냄비건면, 중간맛의 반합건면, 순한맛의 식판건면이 있다.

라면에 얹어주는 토핑은 계란, 치즈 등 자신의 입맛에 맞는 것으로 골라 주문한다. 추가 비용은 받지 않는다. 라면국물에 기름이 뜨지 않아 깔끔한 맛을 찾는 사람들이 가볍게 먹을 수 있고 공기밥이 함께 나오므로 좀더 푸짐하게 즐길 수 있다.

🚗 삼성동 동양카드 빌딩 옆 골목

🍜 냄비건면, 반합건면 모두 2천5백원

📞 (02) 555-4985

5

야참·밤참용 스피드 간식

'출출한데 뭐 없을까?'
출출하다는 단어만큼 우리에게 간식의 필요성을
절실하게 느끼게 해 주는 표현도 없죠.
배는 고프지 않지만 무언가
먹고 싶을 때, 많은 시간 들이지
않고 척척 만들어 볼 수 있는
간식 요리법.
인스턴트 재료들부터 집에서 잠자고 있는 과일을
이용한 요리법까지 다양하게 알아봤습니다.

트위스터

패스트푸드점에서 맛볼 수 있는 트위스터를 집에서 직접 만들어 보자.
엄마의 정성과 사랑을 가득 담아 맛도 그만, 영양도 그만.

재료

*431*kcal

냉동 닭안심 너겟 ········· 1/2봉지	**허니 머스터드 소스**
양상추 ················· 1/4통	마요네즈 ··············· 4큰술
토마토 ···················· 1개	머스터드 ··············· 2큰술
토티아 ···················· 4장	꿀 ···················· 2큰술
	식초 ·················· 2큰술
	소금·후춧가루 ········· 조금씩

만들기

* **닭 안심 튀기기** 해동시킨 닭 안심은 기름에 튀겨낸 뒤 종이 타월에 올려
기름을 뺀다. ····· 1

* **토마토 삶기** 토마토는 윗부분에 십자모양의 칼집을 넣은 후 끓는 물에
살짝 담구어 삶아준다. ····· 2

* **양상추 썰기** 양상추는 0.5cm 폭으로 채썬 뒤 아삭한 맛을 살리기 위해
찬물에 담궈 둔다. ····· 3

* **토마토 준비하기** 토마토는 껍질을 벗기고 씨를 골라내어 0.5cm 크기로
잘게 자른다. ····· 4

* **머스터드 소스 만들기** 작은 그릇에 분량의 소스 재료를 담고 골고루
섞어 머스터드 소스를 만든다. ····· 5

* **토티아 굽기** 뜨겁게 달구어진 팬에 토티아를 넣고 약한 불에서
노릇하게 구워 준다. ····· 6

* **토티아 말기** 오븐에 살짝 구워 준비한 토티아에 튀긴 닭, 양상추,
토마토를 올려놓고 머스터드 소스를 뿌린 뒤 돌돌 만다. ····· 7

* **상 차리기** 재료를 넣어 돌돌 말은 토티아를 먹기 좋은 크기로 잘라 낸다. ····· 8

요리 포인트

토티아를 잘 말아서 트위스터를 만들려면?

●● 소스는 토티아에 들어가는 내용물을 서로 잘 결합시킨다. 때문에
소스 만들기가 포인트. 꿀을 넣어 섞은 마요네즈에 겨자를 넣어 허니
머스터드 소스를 만든다. 토티아를 자르지 않고 통째로 먹고 싶을
때는 튀긴 닭안심 너겟을 적당한 크기로 잘라주면 베어 먹기에
편하다.

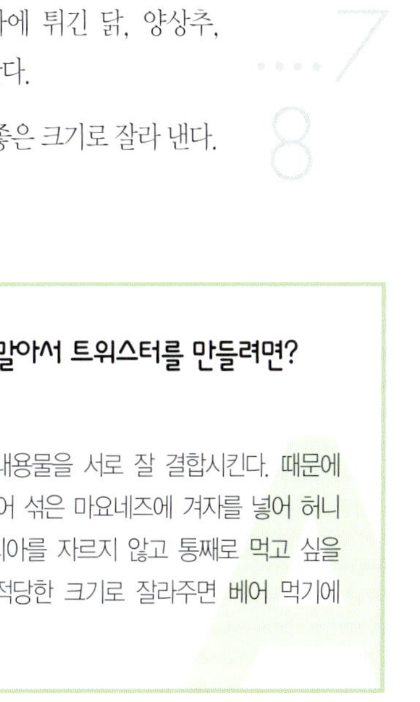

닭 안심 튀기기

토마토 삶기

양상추 썰기

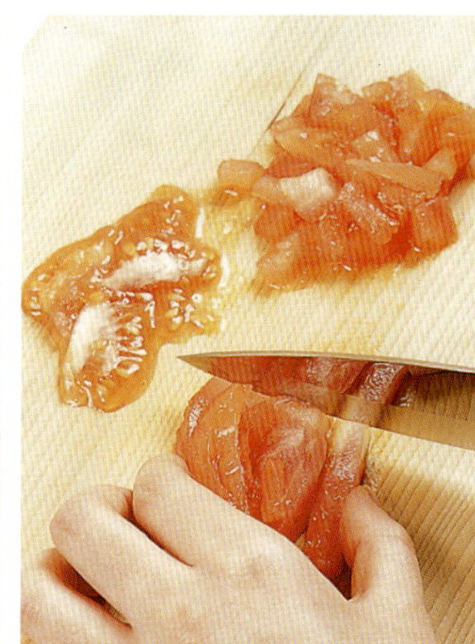
토마토 준비하기

머스터드 소스 만들기

토티아 굽기

토티아 말기

상 차리기

참치토마토샐러드

토마토의 속을 파낸 다음 참치, 양파, 셀러리를 다져 넣고 마요네즈로
버무린 샐러드. 모양이 앙증맞고 예뻐 한결 먹음직스럽다.

재 료

182 kcal

참치 통조림 · · · · · · · · · · · · · · · 1개	**소스**
완숙 토마토 · · · · · · · · · · · · · 4개	마요네즈 · · · · · · · · · · · · · 2큰술
셀러리 · · · · · · · · · · · · · · · · · · · 1대	머스터드 · · · · · · · · · · · · · · · 1큰술
양파 · · · · · · · · · · · · · · · · · · · 1/2개	소금 · 후춧가루 · 식용유 · · · · 조금씩

만들기

* **참치 기름 제거하기** 참치는 손으로 꼭 짜서 기름기를 제거해 준비한다.
이때 체에 받쳐서 기름을 빼 주는 것도 좋은 방법이다.

* **야채 썰기** 토마토 안에 들어갈 야채인 셀러리, 양파를 먹기 편하도록
잘게 다져준다.

* **토마토 꼭지 떼어내기** 토마토의 꼭지를 떼어내고 속을 파내기 좋게 꼭지
주변을 조금 넓게 잘라 낸다.

* **토마토 속 파내기** 토마토의 모양이 흐트러지지 않도록 숟가락으로
토마토의 속을 파내서 그 속을 따로 준비해 둔다.

* **토마토 속 다지기** 파놓은 토마토 속은 잘게 다져 먹기 좋은 크기로
만들어 놓는다.

* **토마토샐러드 소스 만들기** 준비한 분량의 재료를 섞어 참치 토마토
샐러드 소스를 만든다.

* **참치 샐러드 만들기** 준비한 참치와 셀러리, 다진 토마토를 그릇에 담고
만들어 둔 소스를 넣어 버무린다.

* **상 차리기** 파낸 토마토 속에 참치 샐러드를 담아낸 다음 샐러드가
보이게 토마토의 윗 부분에 칼집을 넣어 준다.

참치 기름 제거하기

야채 썰기

토마토 꼭지 떼기

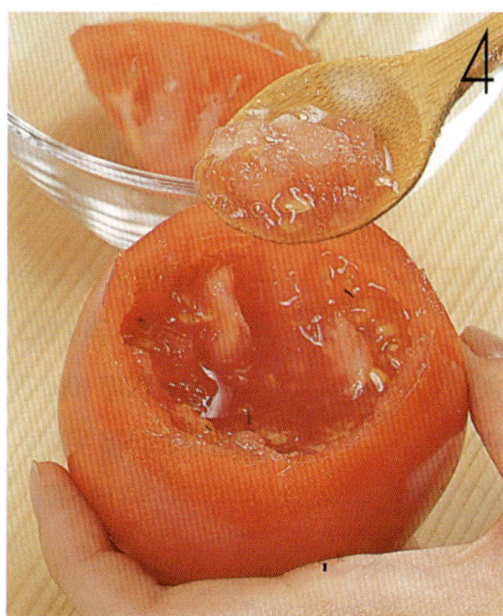

토마토 속 파내기

토마토 속 다지기

토마토 샐러드 소스 만들기

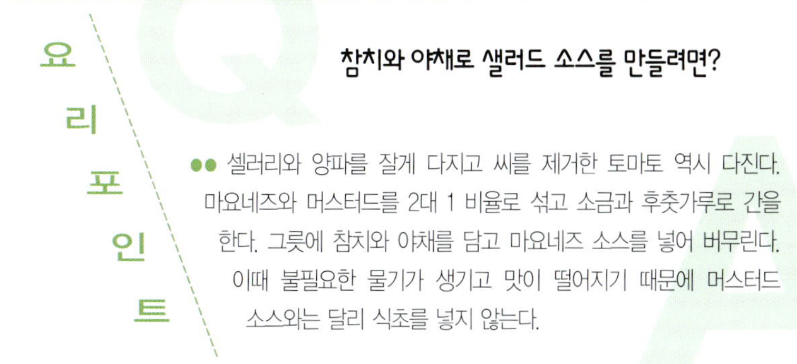

참치 샐러드 만들기

상 차리기

요리 포인트

Q 참치와 야채로 샐러드 소스를 만들려면?

●● 셀러리와 양파를 잘게 다지고 씨를 제거한 토마토 역시 다진다.
마요네즈와 머스터드를 2대 1 비율로 섞고 소금과 후춧가루로 간을
한다. 그릇에 참치와 야채를 담고 마요네즈 소스를 넣어 버무린다.
이때 불필요한 물기가 생기고 맛이 떨어지기 때문에 머스터드
소스와는 달리 식초를 넣지 않는다.

참치전

양배추참치샐러드

[참치전]

재료

참치캔 · · · · · · · · · · · 1개(500g)
두부 · · · · · · · · · · · · · 1/4모
다진 양파 · · · · · · · · · · · 1/4컵
다진 당근 · · · · · · · · · · · 1/4컵
다진 파 · 다진 마늘 · · · · · · 1큰술씩
참기름 · · · · · · · · · · · · · 1작은술
녹말가루 · · · · · · · · · · · · 1큰술
밀가루 · · · · · · · · · · · · · 1/2컵
달걀 · · · · · · · · · · · · · · · 2개
소금 · 후춧가루 · · · · · · · · · 조금씩
식용유 · · · · · · · · · · · · · 1큰술

만들기

327kcal

* **참치 다지기** 참치는 기름을 빼고 잘게 다진다.

* **두부 물기 짜기** 두부는 칼등으로 으깬 후 헝겊에 싸서 물기를 짜 보슬보슬하게 준비해 준다.

* **양파 · 당근 볶기** 다진 양파와 다진 당근은 팬에 볶아서 물기를 없앤다.

* **양념 넣어 반죽하기** 그릇에 준비한 참치, 두부, 양파, 당근과 파, 마늘, 참기름, 소금, 후춧가루, 녹말가루를 반죽해서 치댄다.

* **완자에 달걀물 입혀 지지기** 재료를 넣은 반죽은 반 수저씩 떠서 둥글게 완자를 빚고 밀가루와 달걀물을 차례로 입혀 노릇하게 지진다.

양념 넣어 반죽하기

완자에 달걀물 입혀 지지기

요리포인트

잘 부서지지 않는 전을 부치려면?

●● 참치캔으로 만드는 전은 반죽에 물기가 너무 많으면 부서지기 쉽다. 반대로 너무 뻑뻑할 경우에는 부드럽게 씹히지 않으므로 반죽의 농도를 알맞게 만들어야 한다. 참치는 국물과 기름을 따라내고 두부는 물기 없이 꼭 짠다. 반죽에 밀가루와 녹말가루를 넣어서 재료가 잘 섞이게 한다.

양배추를 더 아삭거리게 하는 방법은?

●● 양배추는 채썬 후 물에 담가 아삭한 맛을 느낄 수 있도록 싱싱하게 준비한다. 양파 역시 채썰어 물에 담가 둔다. 통조림 참치는 체에 밭쳐 기름을 걸러내 샐러드 소스의 맛이 흐려지지 않게 한다. 양배추 대신 양상추를 쓰면 더 아삭한 맛을 살릴 수 있다.

[양배추참치샐러드]

야채 준비하기

상 차리기

재료

양배추 · · · · · · · · · · · · · 200g
적색 양배추 · · · · · · · · · · 100g
통조림 참치 · · · · · · · · · · · 1캔
당근 · · · · · · · · · · · · · · 50g
양파 · · · · · · · · · · · · · · 1/3개
레먼 · · · · · · · · · · · · · · 2조각

드레싱

양겨자 · · · · · · · · · · · · · 1작은술
올리브유 · · · · · · · · · · · · 3큰술
식초 · · · · · · · · · · · · · · 1큰술
소금 · 후춧가루 · · · · · · · · 조금씩
설탕 · · · · · · · · · · · · · · 1작은술
물 · · · · · · · · · · · · · · · 1큰술

만들기

187kcal

* **야채 준비하기** 양배추는 4cm 길이로 곱게 채썰고 당근과 양파도 채썰어 물에 담가 싱싱하게 준비한다.

* **참치 준비하기** 1캔 분량의 참치는 체에 밭쳐서 기름을 빼고 먹기 좋은 굵직한 크기로 뜯어 둔다.

* **드레싱 만들기** 그릇에 분량의 소스 재료를 넣고 잘 섞이도록 흔들어 드레싱을 만든다.

* **상 차리기** 샐러드 그릇에 준비한 야채를 담고 참치와 드레싱을 먹기 직전에 끼얹는다.

옥수수볶음샐러드

캔옥수수찰주먹밥

[옥수수볶음샐러드]

재료

통조림 옥수수 · · · · · · · · · · · 1컵
양파 · · · · · · · · · · · · · · 1/3개
베이컨 · · · · · · · · · · · · · · 1쪽
삶은 풋콩 혹은 완두콩 · · · · · · · 1/3컵
당근 · · · · · · · · · · · · · · · 30g
버터 혹은 식용유 · · · · · · · · 1큰술
마요네즈 · · · · · · · · · · · · 2큰술
소금 · 후춧가루 · · · · · · · · · 조금씩

만들기

166 kcal

* **통조림 옥수수 물기 빼기** 통조림 옥수수는 체에 부어 물기를 빼 옥수수 알갱이만 준비한다.

* **양파 · 베이컨 · 당근 썰기** 양파, 베이컨, 당근은 옥수수 크기로 잘게 썰어 먹기 좋은 크기로 준비해 둔다.

* **재료 볶기** 뜨겁게 달군 팬에 버터를 두르고 썰어 놓은 양파, 베이컨, 당근을 넣고 볶는다.

* **재료 버무리기** 재료를 넣어 볶은 팬에 옥수수를 넣고 조금 더 볶아 준 다음 마요네즈로 버무려 담고 송송 썬 실파를 뿌린다.

재료 볶기

재료 버무리기

베이컨의 바삭한 맛을 살리려면?

●● 베이컨은 훈제된 돼지고기로 기름층이 많아 버터를 많이 넣지 않아도 볶으면서 자연스럽게 기름이 빠져 나오게 된다. 양파, 당근 등과 함께 볶을 때 베이컨을 먼저 넣어 볶아서 바삭할 정도로 볶거나 따로 볶아 두었다가 야채와 함께 섞어 본다.

주먹밥을 좀더 맛있게 뭉치려면?

●● 주먹밥을 너무 꽉 뭉치면 밥 알갱이가 뭉그러지면서 씹는 맛이 나빠진다. 손으로 쥐어 모양을 내더라도 밥알이 서로 잘 붙을 정도의 힘으로 뭉쳐 준다. 아이들 간식용으로는 하트나 네모 등 모양틀을 이용해서 재미있는 모양을 만들어 주어도 좋다.

밥에 옥수수 · 소금 간하기

주먹밥 만들기

[캔옥수수찰주먹밥]

재료

옥수수캔 · · · · · · · · · · · · · 1/2개
찹쌀 · · · · · · · · · · · · · · · 1컵
멥쌀 · · · · · · · · · · · · · · 1/4컵
흑미 · · · · · · · · · · · · · · 5큰술
물 · · · · · · · · · · · · · · 1과1/2컵
소금 · · · · · · · · · · · · · · · 조금

만들기

277 kcal

* **옥수수 데치기** 옥수수 캔은 뚜껑을 따고 건더기를 건져 끓는 물에 데친 후 찬물에 헹궈 물기를 뺀다.

* **쌀 불리기** 찹쌀과 멥쌀, 흑미를 섞은 뒤 물에 서너 번 헹궈 씻고 잠시 체에 밭쳐 쌀을 불린다.

* **밥 짓기** 냄비에 불린 쌀을 넣고 준비한 분량의 물, 1과 1/2컵을 부어 밥을 짓는다.

* **밥에 옥수수 · 소금 간하기** 고슬고슬하게 밥을 지은 후 옥수수와 소금으로 간을 해가면서 나무주걱으로 섞어 준다.

* **주먹밥 만들기** 한김이 나간 밥을 한 수저씩 손에 올리고 주먹밥을 만든다. 이때 랩을 이용하면 깔끔하다.

* **상차리기** 접시에 푸른 야채를 깔고 주먹밥을 올려서 낸다.

게맛살달걀찜

마땅한 먹을거리가 생각나지 않을 때 손쉽게 준비할 수 있는 스피드 간식.
푼 달걀을 체에 한번 내려 주면 찜이 매끈하고 부드럽게 된다.

재 료

651kcal

달걀 · · · · · · · · · · · · · · · · · · · 3개
가다랭이포 우린 물 · · · · · · · · 1/2컵
(혹은 멸치 다시마 우린 물)
맛술 · · · · · · · · · · · · · · · · · · · 1작은술
소금 · 게맛살 · 쑥갓잎 · · · · · 조금씩

만들기

＊ 가다랭이 국물 만들기 가다랭이포를 팔팔 끓는 물에 넣어 잠시 두었다가
체에 걸러 가다랭이 육수를 만들어 놓는다. · · · · · 1

＊ 달걀 풀기 달걀을 깨트려 멍울이 없도록 저은 후 가다랭이 우린 국물을
부어 젓가락으로 저어 준다. · · · · · 2

＊ 맛술 넣기 달걀을 푼 그릇에 분량의 맛술과 소금을 넣어 간을 맞춘다.
이때 넣는 맛술은 달걀 특유의 비린맛을 없애 준다. · · · · · 3

＊ 체에 거르기 간을 맞춘 달걀물을 체에 거른다. 달걀물을 체에 거르면
미끈한 알끈이 제거되기 때문에 깔끔한 맛을 낼 수 있다. · · · · · 4

＊ 달걀물 찌기 속이 깊은 사기 그릇에 달걀물 2/3 정도 담고 한김 오른
찜통에 찐다. 찜통에 넣어 찔 때는 쿠킹호일을 덮어 달걀찜을 촉촉하게 해
준다. 전자레인지에서는 랩을 씌워 '약'으로 3분 정도 돌려준다. · · · · · 5

＊ 게맛살 넣기 찌는 도중에 뚜껑을 열어보아 윗면이 익으면 게맛살을
잘라 얹고 쑥갓잎과 은행, 꽃어묵을 얹어 낸다. · · · · · 6

가다랭이 국물 만들기

달걀 풀기

맛술 넣기

체에 거르기

달걀물 찌기

게맛살 넣기

Q 달걀찜을 예쁘게 만들려면?

●● 달걀찜은 약한 불에서 15~20분 정도 찌는 것이 포인트. 강한
불에서 달걀찜을 하면 수분이 증발하면서 거품이 생겨 그 모양이
예쁘지 않게 된다. 이것을 막으려면 센불에서 2분 정도 끓이다가
약한 불로 줄여 찌는 것이 좋다. 너무 오래 찌면 수분이 증발해
부드러운 맛이 없어지므로 주의한다.

달걀찜 차게 즐기기

1. 달걀찜을 같은 방법으로 완성시킨 후
바로 찬물에 담가 식힌다. 이렇게 하면
맛의 변화가 적고 식으면서 달걀 입자도
부드러워진다.

2. 차게 먹을 때 비린내가 나지 않도록
맛술이나 청주를 꼭 넣어 달걀 특유의
비린맛을 없앤다.

떡갈비난자완스

탕수만두

[떡갈비난쟈완스]

재료

떡갈비(시판용) · · · · · · · · · 500g
청 · 홍피망 · · · · · · · · · · · 1/2개씩
표고버섯 · · · · · · · · · · · · · 2개
붉은고추 · · · · · · · · · · · · · 1개
통마늘 · · · · · · · · · · · · · · 2쪽
만가닥버섯 · · · · · · · · · · · · 1/3팩
식용유 · · · · · · · · · · · · · · 2큰술
물녹말 · · · · · · · · · · · · · · 2큰술

소스

물 · · · · · · · · · · · · · · · · · 1컵
간장 · · · · · · · · · · · · · · · · 1큰술
청주 · · · · · · · · · · · · · · · · 1큰술
굴소스 · · · · · · · · · · · · · · 1/2큰술
물녹말 · · · · · 2큰술(물 · 녹말 2큰술씩)
참기름 · · · · · · · · · · · · · · 1작은술
소금 · 후춧가루 · · · · · · · · · · 조금씩

만들기

*** 떡갈비 굽기** 팬에 기름을 두르고 해동시킨 떡갈비를 앞뒤로 노릇하게
굽는다.

*** 야채 준비하기** 마늘은 얇게 썰고 피망과 표고 · 붉은 고추는 0.5cm로
채썬다. 만가닥버섯은 손으로 찢어둔다.

*** 마늘 · 야채 볶기** 팬에 기름을 두르고 향신료인 마늘을 먼저 넣어
볶다가 야채를 넣어 함께 볶는다.

*** 소스 만들기** 볶은 야채에 준비한 소스 분량의 물을 붓고 끓으면 간장,
청주, 굴소스를 넣은 후 중불로 끓인다.

*** 소스에 간하기** 끓인 야채에 물녹말을 넣어 걸쭉해지면
소금 · 후춧가루로 간한 다음 참기름을 넣는다.

*** 상차리기** 떡갈비를 만들어 놓은 소스에 넣고 버무려 접시에 담아낸다.

423 kcal

소스 만들기

상 차리기

요리 포인트

떡갈비에 어울리는 소스를 만들려면?

●● 기름 두른 팬에 가장 먼저 마늘을 넣어 볶다가 고추, 피망, 버섯
등의 야채를 넣어 볶는다. 여기에 물을 붓고 끓으면 간장, 청주,
굴소스를 넣어 중불로 끓인다. 끓인 후에 간을 해준다. 남편들의
안주뿐만 아니라 아이들도 좋아하는 맛인데, 케첩과 설탕을 약간 넣어
주면 아이들이 더 좋아한다.

만두를 바삭하게 튀겨 내려면?

●● 탕수만두는 시판하는 냉동만두를 이용해 간단하게 만들 수 있는
요리. 냉동만두를 해동하여 기름에 넣어 튀겨낸다. 좀더 바삭한
맛을 즐기려면 만두피에 연한 갈색이 돌 때 살짝 꺼내 공기를
쐬어 준 다음 다시 기름에 넣어 튀긴다. 두 번 튀기면 불필요한
수분이 제거되면서 더 바삭거리게 된다.

튀긴 만두 기름 빼기

소스에 물녹말 넣어 끓이기

[탕수만두]

재료

냉동만두 · · · · · · · · · · · · · 20개
식용유 · · · · · · · · · · · · · · 적당량
오이 · · · · · · · · · · · · · · · 1/4개
당근 · · · · · · · · · · · · · · · 1/4개
양파 · · · · · · · · · · · · · · · 1/2개
목이버섯 · · · · · · · · · · · · · 5장
청경채 · · · · · · · · · · · · · · 2포기

소스

물 · · · · · · · · · · · · · · · · · 2컵
간장 · · · · · · · · · · · · · · · · 1큰술
식초 · · · · · · · · · · · · · · · · 3큰술
설탕 · · · · · · · · · · · · · · · · 4큰술
케첩 · · · · · · · · · · · · · · · · 1큰술
물녹말 · · · · · 2큰술(물 · 녹말 2큰술씩)
참기름 · · · · · · · · · · · · · · 1/2작은술

만들기

316 kcal

*** 만두 해동시키기** 만두는 실온에 내놓아 해동시킨다. 전자레인지를
이용하는 것도 간편하다.

*** 오이 · 당근 썰기** 오이와 당근은 얇게 썬 뒤 모양틀로 찍고 양파는
사방 2cm 크기로 썬다.

*** 버섯 썰기** 버섯은 물에 불려 먹기 좋은 크기로 썰고 청경채는
2~3등분 해둔다.

*** 만두 튀기기** 해동된 만두는 튀긴 후 종이타월로 기름을 빼둔다.

*** 야채 · 버섯 볶기** 팬에 기름을 두르고 썰어둔 야채와 버섯을 넣어 볶다
준비한 분량의 소스 양념을 넣어 끓인다.

*** 물녹말 넣기** 끓는 소스에 섞은 물녹말을 넣고 걸쭉해지면 참기름을
넣은 뒤 튀긴 만두에 뿌려 낸다.

소시지떡볶음

소시지채소조림

[소시지떡볶음]

재료

시판용 소시지 · · · · · · · · · · 300g
절편 · · · · · · · · · · · · · · · · 400g
당근 · · · · · · · · · · · · · · · · 1/2개
양파 · · · · · · · · · · · · · · · · 1/2개
붉은고추 · · · · · · · · · · · · · · 1개
새송이버섯 · · · · · · · · · · · · 2개
식용유 · · · · · · · · · · · · · · · 2큰술

소스

물 · · · · · · · · · · · · · · · · · 1컵 반
간장 · · · · · · · · · · · · · · · · 2큰술
마요네즈 · · · · · · · · · · · · · · 1큰술
설탕 · · · · · · · · · · · · · · · · 1큰술
다진 마늘 · · · · · · · · · · · · · 1작은술
소금 · 후춧가루 · · · · · · · · · · 조금씩

만들기

610kcal

* **소시지 준비하기** 소시지는 반으로 자르고 절편은 길게 4등분한다.

* **당근 · 양파 썰기** 당근은 떡 길이로 얇게 썰고 양파는 사방 2.5cm 크기로 썬다.

* **고추 · 버섯 썰기** 고추는 어슷 썬 뒤 물에 담가 씨를 털어내고 새송이버섯은 반으로 잘라 납작하게 썬다.

* **재료 볶기** 비엔나 소시지를 볶다가 썰어 놓은 야채를 같이 넣어 볶는다.

* **재료 끓이기** 야채가 부드러워지면 물과 간장을 넣고 끓이다가 준비한 소스 양념을 넣고 중불로 뭉근하게 끓인다.

* **떡 볶음 간하기** 국물이 졸아들어 걸쭉해지면 소금, 후춧가루로 간한다.

당근 · 양파 · 고추 · 버섯 썰기

재료 끓이기

요리포인트

절편 말고 다른 떡을 이용하려면?

●● 떡볶음에는 가래떡을 쓰는 경우가 많다. 가래떡은 5cm 정도로 잘라서 4등분하여 자르거나 납작하게 썬다. 가래떡이 많이 굳었을 경우에는 따뜻한 물에 살짝 불려 놓는다. 시판되는 떡볶이 떡을 사용해도 쉽게 만들 수 있다. 야채가 어느 정도 익으면 떡을 넣어 끓이고 소스 재료를 넣는다.

아이들 간식용 소시지 케첩 조림을 만들려면?

●● 아이들에게는 재미있는 모양을 즐길 수 있도록 다양한 종류의 소시지를 사용해 본다. 작은 비엔나 소시지는 옆으로 칼집을 내거나 꽃봉오리 모양으로 칼집을 내서 볶은 다음 소스를 넣고 졸여 준다. 여기에 피자치즈를 얹어서 살짝 녹인 다음 상에 낸다.

조림장 끓이기

소시지 조리기

[소시지케첩조림]

재료

시판용 소시지 · · · · · · · · · · 150g
케첩 · · · · · · · · · · · · · · · · 3큰술
우스터소스 · · · · · · · · · · · · 1큰술
설탕 · · · · · · · · · · · · · · · · 1작은술
간장 · · · · · · · · · · · · · · · · 1작은술
후춧가루 · 통깨 · 파슬리 가루 · 조금씩

만들기

144kcal

* **소시지 썰기** 소시지는 0.5cm의 두께로 어슷 썰어서 준비한다.

* **조림장 끓이기** 냄비에 케첩, 우스터소스, 설탕. 간장, 후춧가루를 넣고 끓인다.

* **소시지 조리기** 준비한 끓인 조림장에 썰어 둔 소시지를 넣고 약한 불에서 볶듯이 조려 준다.

* **상차리기** 소시지가 완전히 익으면 통깨와 파슬리 가루를 뿌려 접시에 담아 낸다.

궁중떡볶이

매콤하게 양념한 고추장 떡볶이 대신 간장, 참기름으로 맛을 낸 전통
떡볶이. 매운 음식을 잘 못 먹는 아이들 간식으로 안성맞춤이다.

재 료

277kcal

가래떡 · · · · · · · · · · · · · · · · 200g	설탕 · 청주 · · · · · · · · · · · 1작은술씩
쇠고기(등심) · · · · · · · · · · · 300g	참기름 · · · · · · · · · · · · · 1/2작은술
대파 · · · · · · · · · · · · · · · · · · 1대	후춧가루 · · · · · · · · · · · · · · · 조금
양파 · · · · · · · · · · · · · · · · 1/2개	
부추 · · · · · · · · · · · · · · · · · 20g	**떡볶이 양념**
통깨 · 실고추 · · · · · · · · · · 조금씩	간장 · · · · · · · · · · · · · · · · 1큰술
	다진 마늘 · 맛술 · 설탕 · · · · 1작은술씩
고기 양념	물 · · · · · · · · · · · · · · · · · 1/2컵
간장 · · · · · · · · · · · · · · · · 1큰술	소금 · 후춧가루 · 참기름 · · · · 조금씩

만들기

*** 가래떡 준비하기** 가래떡은 쫄깃하게 살짝 굳은 것으로 준비해 5cm
길이로 잘라 반 갈라 물이 담가 부드럽게 한 뒤 건져 둔다.

*** 고기 양념장 만들기** 간장, 설탕, 청주, 참기름, 후춧가루 등 분량의
재료를 섞어 쇠고기 양념을 만든다.

*** 쇠고기 양념하기** 쇠고기는 등심으로 준비해 채썰어 준비해 고기에
양념이 잘 배도록 무쳐 준다.

*** 야채 썰기** 대파와 양파는 굵게 채썰고 부추는 다듬어 씻어서 3cm
길이로 썬다.

*** 떡볶이 양념 만들기** 간장, 다진 마늘, 맛술, 설탕 등 분량의 갖은 양념을
섞어 떡볶이 양념을 만든다.

*** 재료 끓이기** 팬에 양파를 넣고 볶다가 양념에 재워 둔 쇠고기를 넣어서
반 정도 익으면 떡볶이 양념을 넣고 끓인다.

*** 떡볶이 끓이기** 떡볶기 양념을 넣어 끓인 팬에 대파를 넣고 버무린 다음
준비한 가래떡을 넣고 약불에서 은근히 익혀 준다.

*** 상 차리기** 떡에 간이 충분히 배고 고기가 익으면 부추와 통깨, 실고추를
넣고 버무려서 상에 낸다.

요 리 포 인 트

요리하기 전에 떡이 붙는 것을 막으려면?

●● 우선 가래떡을 잘라서 물에 살짝 불린다. 이때 너무 오래 담가 두지
않도록 한다. 건져 둔 떡에 미리 참기름을 넣고 버무려 두면 떡이
붙는 것을 막을 수 있다. 떡을 익힐 때는 너무 센불에서 조리하면
국물이 졸아들면서 떡에 맛이 배지 않으므로 주의한다.

떡 준비하기

고기 양념장 만들기

쇠고기 양념하기

야채 썰기

떡볶이 양념 만들기

재료 끓이기

떡볶이 끓이기

상 차리기

어묵자장볶이

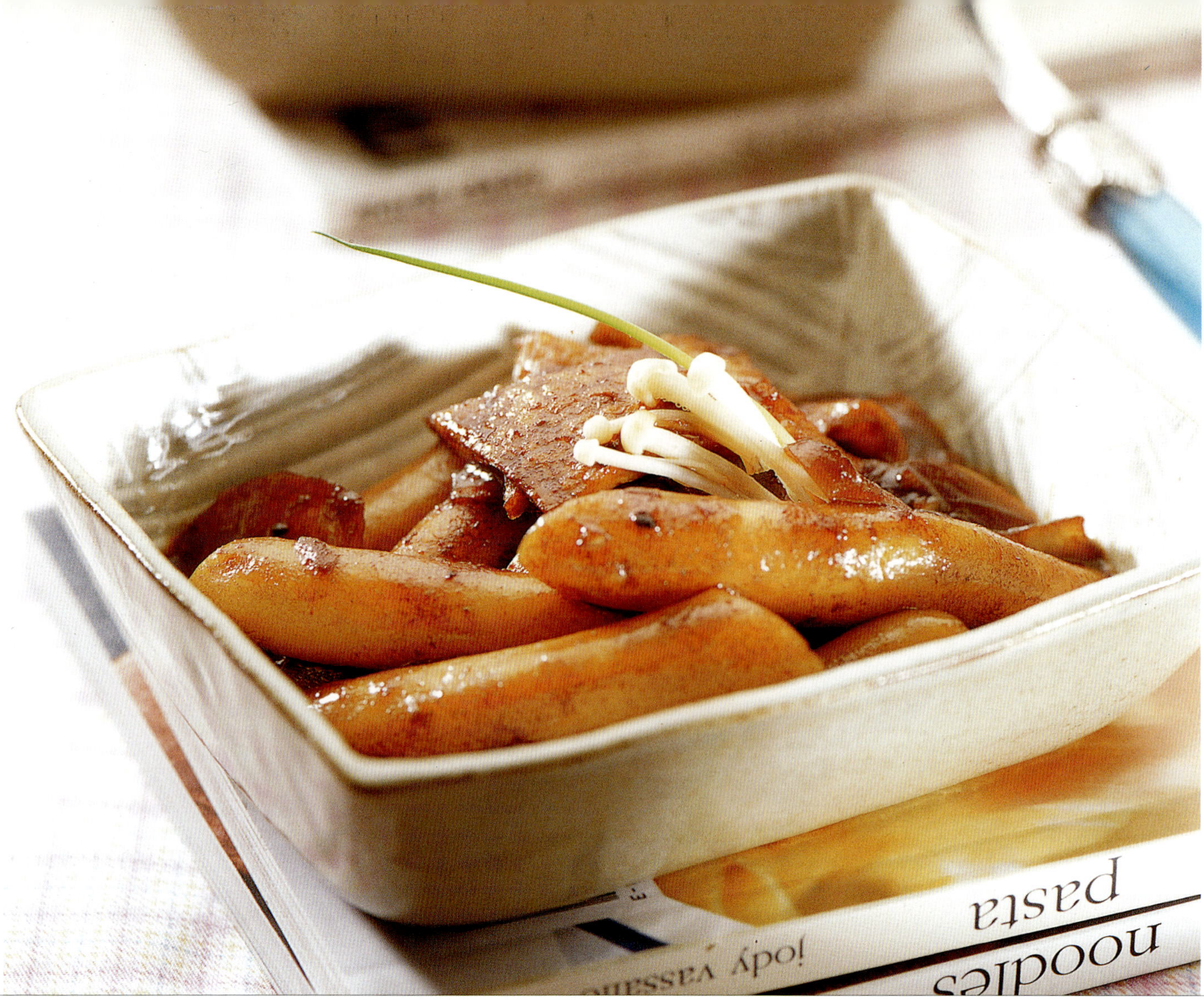

어묵볶이

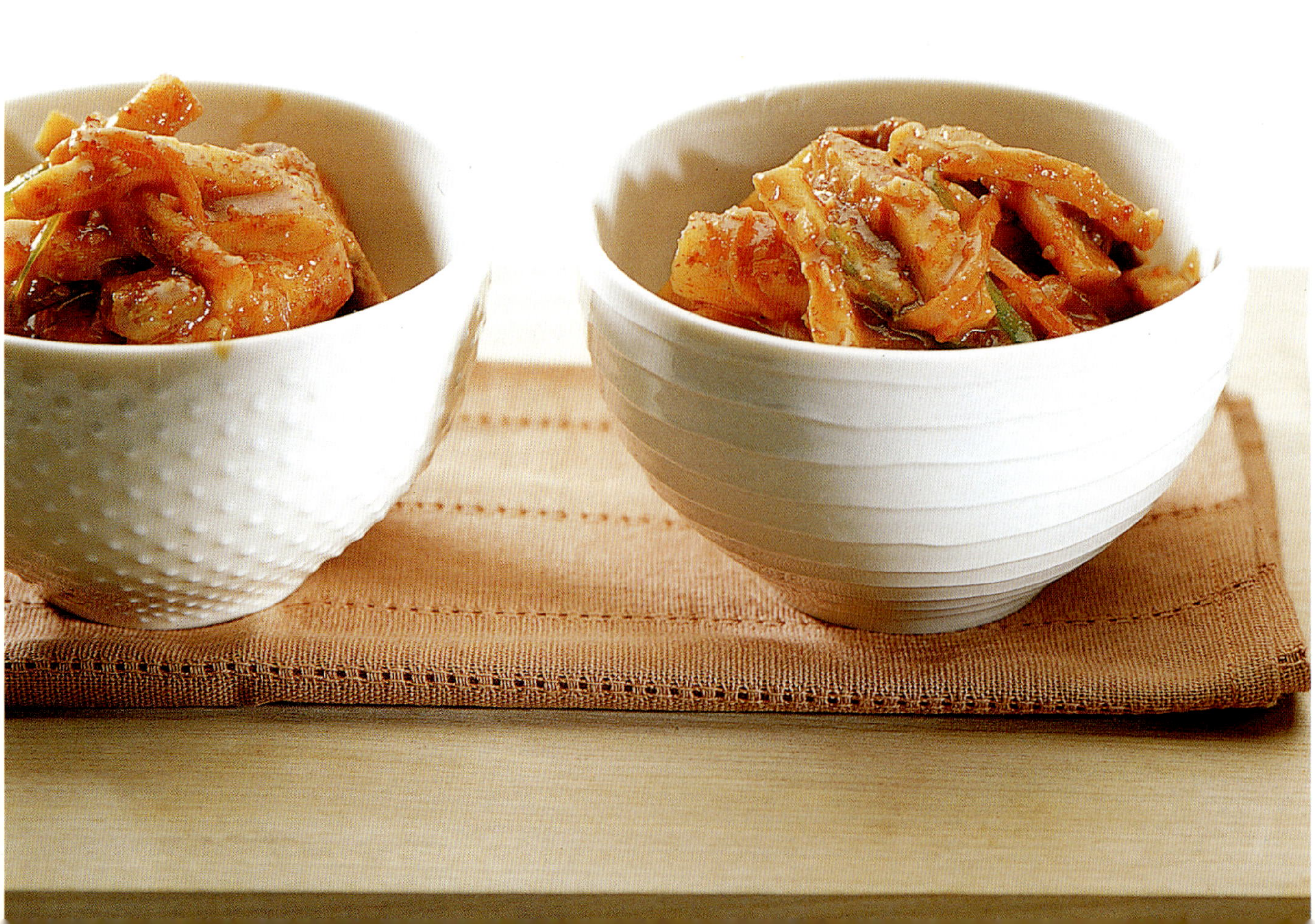

[어묵자장떡볶이]

재료

떡볶이 떡 · · · · · · · · · · · 300g
참기름 · · · · · · · · · · · 1큰술
납작 어묵 · · · · · · · · · · · 2장
양파 · · · · · · · · · · · 1/2개
팽이버섯 · · · · · · · · · · · 1/4봉지
고추장 · · · · · · · · · · · 1큰술
설탕 · · · · · · · · · · · 1큰술
자장 · · · · · · · · · · · 2작은술
다진 마늘 · · · · · · · · · · · 1/2작은술

만들기 292kcal

* **참기름에 떡 버무리기** 끓는 물에 떡볶이 떡을 넣어 데쳐 건진 후 참기름을 넣어 고루 버무린다.

* **재료 손질하기** 어묵은 먹기 좋은 크기로 자르고, 양파는 껍질을 벗기고 씻어 물기를 건진다. 팽이버섯은 밑동을 자르고 씻어 물기를 건진다.

* **양념장 만들기** 팬에 고추장과 설탕, 자장, 참기름, 다진 마늘을 넣어 섞은 후 1컵 분량의 물을 붓는다.

* **양념과 함께 볶기** 재료가 끓으면 데친 떡을 넣어 고루 섞으면서 볶는다.

* **떡볶이 맛내기** 떡이 익기 시작하면 어묵과 양파, 버섯을 넣어 가볍게 저으면서 맛을 낸다.

양념장 만들기

양념과 함께 볶기

요리포인트

떡볶이 양념이 잘 배게 하려면?

●● 떡볶이 떡은 팔팔 끓는 물에 살짝 데쳐야 양념이 잘 밴다. 데친 떡은 참기름으로 고루 버무려 둔다. 이렇게 하면 떡끼리 달라붙지도 않고 고소한 맛이 배어 맛있다. 고추장과 자장, 참기름, 다진 마늘 등을 넣고 고루 섞은 후 물을 부어 한소끔 보글보글 끓인다.

고추장 외에 넣을 수 있는 양념이나 소스는?

●● 색다른 떡볶이 맛을 즐기고 싶다면 분량의 양념장에 두반장을 첨가해본다. 칼칼한 맛이 훨씬 식욕을 자극한다. 야채와 고기를 볶다가 양념장을 넣고 어묵을 넣어 볶아 주는데 식성에 따라 후춧가루를 넣으면 더욱 매운맛을 즐길 수 있다.

[어묵떡볶이]

어묵·떡 볶기

떡볶기 간하기

재료

납작 어묵 · · · · · · · · · · · 100g
떡볶이 떡 · · · · · · · · · · · 200g
쇠고기 · · · · · · · · · · · 100g
당근 · · · · · · · · · · · 50g
양파 · · · · · · · · · · · 1/4개
피망 · · · · · · · · · · · 1개
식용유 · · · · · · · · · · · 1큰술

양념장

고춧가루 · · · · · · · · · · · 2큰술
두반장 · · · · · · · · · · · 1작은술
다진 마늘 · · · · · · · · · · · 1큰술
설탕·깨소금 · · · · · · · · · · · 1큰술씩
굴소스 · · · · · · · · · · · 1큰술
청주 · · · · · · · · · · · 1큰술
물 · · · · · · · · · · · 1컵
참기름 · · · · · · · · · · · 1큰술
후춧가루 · · · · · · · · · · · 조금

만들기 330kcal

* **어묵 준비하기** 넓적한 어묵은 굵직하게 채썰고 떡은 한입 크기로 잘라 끓는 물에 살짝 데쳐 건져 놓는다.

* **야채 손질하기** 당근과 양파, 피망은 손질하여 가늘게 채썰고 쇠고기도 가늘게 채썰어 놓는다.

* **양념장 만들기** 고춧가루와 두반장, 굴소스 등 갖은 재료를 분량대로 섞어 양념장을 만든다.

* **재료 볶기** 팬에 기름을 두르고 당근과 양파를 먼저 넣어 볶다가 쇠고기를 넣고 볶는다.

* **어묵·떡 볶기** 볶은 재료에 양념장을 넣고 조금 더 볶다가 어묵과 떡볶이 떡을 넣고 물을 넣어 끓인다.

* **떡볶이 간하기** 떡볶이 떡에 양념장이 고루 배면 피망을 넣고 살짝 더 끓인 다음 소금과 후춧가루로 간한다.

과일오픈샌드위치

모듬과일샐러드

[과일오픈샌드위치]

재료

슬라이스 식빵 · · · · · · · · · · · 4장
파인애플 · · · · · · · · · · · · 1쪽
키위 · · · · · · · · · · · · · · 1개
통조림 밤 · · · · · · · · · · · 5개
크림 치즈 · · · · · · · · · · · 1/2컵
잼 · 통조림 과일 · · · · · · · · 조금씩

만들기

219kcal

* **식빵 모양 만들기** 식빵 4장은 원하는 모양틀로 찍어 만든 다음 식빵 한 쪽 면에 잼을 발라 두 장을 마주 붙인다.

* **크림치즈 바르기** 마주 붙인 식빵의 윗면에 크림치즈를 발라 준다. 이때 크림치즈에 딸기잼을 섞어 색을 내주어도 좋다.

* **파인애플 · 키위 준비하기** 파인애플은 8쪽으로 썰고 껍질 벗긴 키위는 1cm 이하 두께로 썰어 알맞은 크기로 썬다.

* **밤 · 과일 모양 만들기** 통조림 밤과 기타 과일은 식빵보다 작은 크기로 모양을 내어 썬다.

* **과일 얹어 내기** 크림치즈를 얹은 식빵위에 준비한 과일을 얹어낸다.

크림치즈 바르기

과일 얹어 내기

크림치즈 외에 어울리는 재료는 ?

●● 크림치즈는 고소하면서도 진한 치즈 맛을 더해주는 재료. 치즈 맛을 별로 좋아하지 않는 경우에는 생크림을 사용하면 좋다. 생크림에 설탕을 넣고 뻑뻑해질 정도가 될 때까지 거품기로 저어 준다. 약간의 소금을 넣은 다음 위스키를 몇 방울 넣어서 향을 더해 주고 모양을 낸 식빵 위에 얹은 뒤 과일을 올린다.

과일 샐러드를 먹기 편하게 담는 방법은?

●● 샐러드는 꼬치에 꽂거나 작은 투명컵에 담으면 보기에도 좋고 먹기도 편하다. 과일을 정사각형 모양뿐만 아니라 스쿠프를 이용해 둥근 모양으로도 준비한다. 모양을 번갈아가면서 꼬치에 끼워 소스를 뿌려 준다. 작은 컵을 이용할 때는 과일을 골고루 담고 위에 소스를 보기 좋게 뿌려 준다.

소스 만들기

소스 끼얹어 내기

[모듬과일샐러드]

재료

키위 · · · · · · · · · · · · · · 1개
배 · · · · · · · · · · · · · · 1/4개
사과 · · · · · · · · · · · · · 1/4개
귤 · · · · · · · · · · · · · · 1개
감 · · · · · · · · · · · · · · 1개

소스

플레인 요구르트 · · · · · · · · 5큰술
꿀 · · · · · · · · · · · · · · 2작은술
설탕 · · · · · · · · · · · · · 1작은술
통조림 파인애플 · · · · · · · · 1개
통조림 옥수수 · · · · · · · · · 2큰술
양파즙 · · · · · · · · · · · · 3큰술

만들기

117kcal

* **키위 · 배 · 감 썰기** 키위와 배, 감은 껍질을 벗긴 후 한입에 먹기 좋은 크기로 네모지게 썬다.

* **사과 · 귤 준비하기** 사과는 껍질째 씻어 씨와 속을 도려낸 후 먹기 좋은 크기로 썰고 귤은 껍질을 벗기고 알알이 뗀다.

* **소스 만들기** 통조림 옥수수와 통조림 파인애플은 굵직하게 다져서 그릇에 담고 준비한 소스 양념을 넣어 골고루 섞어 준다.

* **소스 끼얹어 내기** 손질한 과일을 그릇에 담고 만들어 놓은 소스를 듬뿍 끼얹는다.

스피드바나나구이

프렌치 토스트

[스피드바나나구이]

재 료

바나나 · · · · · · · · · · · · · · · 4개
꿀 · · · · · · · · · · · · · · · · 3큰술
설탕 · · · · · · · · · · · · · · · 2큰술
계피가루 · · · · · · · · · · · · · 조금
아이스크림 · · · · · · · · · · · · 조금

만들기

297kcal

* **바나나 준비하기** 바나나는 단단한 것으로 준비해서 껍질을 깐 후 길게 반으로 가른다.

* **바나나 굽기** 뜨겁게 달군 팬에 버터 1큰술을 넣고 녹인 후 길게 반으로 가른 바나나를 굽는다.

* **꿀·설탕 넣기** 바나나가 어느 정도 노릇노릇해지면 꿀과 설탕을 넣은 뒤 뚜껑을 닫고 다시 굽는다.

* **계피가루 뿌리기** 계피가루는 먼저 뿌려 두면 향이 달아 나므로 마지막에 뿌려준다.

* **상 차리기** 아이스림과 함께 접시에 담아 낸다.

바나나 굽기

꿀·설탕 넣기

바나나구이를 식사로 즐기려면?

●● 달콤하면서도 부드러운 바나나 구이는 빵을 곁들여 아침식사로도 즐길 수 있다. 바게트로 만든 프렌치 토스트에 오렌지 주스나 커피 등을 곁들여 본다. 바게트는 반토막을 내서 옆으로 가른다. 달걀, 우유, 설탕, 소금을 섞어서 달걀물을 만들고 바게트를 푹 적셔 팬에 버터를 두르고 구워낸다.

요리포인트

부드러운 프렌치 토스트를 구우려면?

●● 달걀물에 빵을 적실 때는 빵의 상태에 따라 적시는 시간을 달리해야 한다. 갓 구운 빵은 살짝만 적셨다가 구워야 한다. 오래 담가두면 질척해진다. 겉이 딱딱해진 빵일 경우는 달걀물에 2분 정도 담가서 달걀물이 충분히 스며들게 한 후에 구워야 촉촉하면서 부드러운 맛을 즐길 수 있다.

샌드위치 만들기

식빵에 달걀물 입히기

[프렌치 토스트]

재 료

바나나 · · · · · · · · · · · · · · · 4개
다진 호두 · · · · · · · · · · · · 30g
달걀 · · · · · · · · · · · · · · · · 6개
우유 · · · · · · · · · · · · · · · 60cc
식빵 · · · · · · · · · · · · · · · · 8장
버터 · · · · · · · · · · · · · · · 4큰술
계피가루 · · · · · · · · · · · · · 조금
슈가파우더 · · · · · · · · · · · · 조금
잼 · · · · · · · · · · · · · · · · · 조금
메이플시럽 · · · · · · · · · · · · 조금

만들기

707kcal

* **으깬 바나나와 호두 섞기** 바나나는 껍질을 벗겨 으깬 후 다진 호두와 섞어 준비한다.

* **샌드위치 만들기** 식빵에 호두와 바나나 섞은 것을 얹고 다른 식빵 한쪽을 올려 샌드위치 모양으로 만든다.

* **달걀에 우유·계피가루 넣기** 달걀은 거품기로 풀고 우유와 계핏가루를 넣어 골고루 섞는다.

* **식빵에 달걀물 입히기** 우유와 계피가루를 섞은 달걀물을 식빵에 고루 입힌다.

* **식빵 굽기** 팬을 달군 후 버터를 두르고 달걀물을 입힌 식빵을 앞뒤가 노릇하게 구워낸다.

* **상 차리기** 구운 빵을 반으로 자르고 슈가파우더를 뿌려 낸다. 이때 잼이나 메이플 시럽을 곁들여 낸다.

밤탕

오래 전부터 사랑 받아온 길거리 표 간식. 굵게 썬 고구마와 껍질 벗긴
밤을 기름에 튀긴 후 달콤한 설탕시럽에 버무리면 완성.

476 kcal

재료

밤	300g	맛탕시럽	
고구마	300g	설탕	1/2컵
녹말가루	조금	물엿	1/2컵
튀김기름	조금	물	1/4컵
통깨	조금	소금	조금

만들기

* **고구마 썰기** 고구마는 깨끗이 씻어 밤알 굵기로 썰어 물에 담가 둔다. …… 1

* **밤·고구마 씻기** 껍질을 벗긴 밤과 썰어놓은 고구마는 찬물에 씻은 후 체에 밭쳐 건져 둔다. …… 2

* **밤·고구마 살짝 익히기** 끓는 물에 소금을 조금 넣어주고 씻어 둔 밤과 고구마를 가볍게 익혀 건진다. …… 3

* **녹말가루 입히기** 가볍게 익힌 밤과 고구마에 녹말가루를 묻히고 여분의 가루는 털어낸다. …… 4

* **밤·고구마 튀기기** 160℃의 튀김기름에 밤과 고구마를 넣고 서서히 저어 속까지 익혀 노릇하게 튀겨 낸다. …… 5

* **맛탕 시럽 만들기** 냄비에 설탕, 물, 소금을 넣고 센불에 끓여 갈색이 나타나면 중불로 줄여 고르게 갈색을 낸 다음 불을 끄고 물엿을 넣는다. …… 6

* **맛탕 시럽에 재료 섞기** 준비해 놓은 맛탕 시럽에 튀긴 고구마와 밤을 넣고 골고루 버무려 담고 통깨를 뿌린다. …… 7

* **상 차리기** 맛탕 시럽을 묻힌 고구마와 밤을 들러붙지 않게 놓아 식힌 다음 접시에 담는다. …… 8

고구마 썰기

밤·고구마 씻기

밤 살짝 익히기

녹말가루 입히기

밤·고구마 튀기기

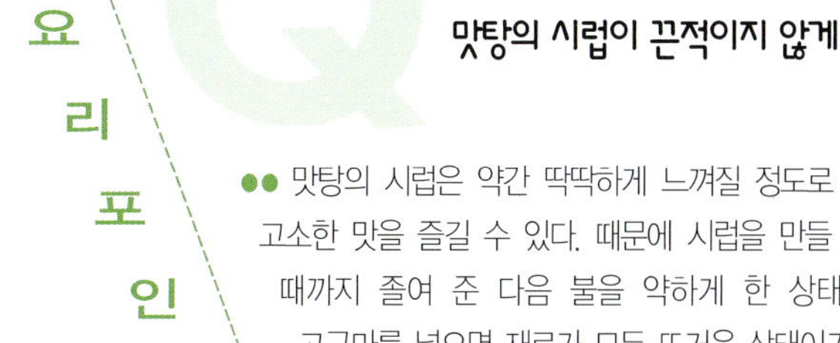

맛탕 시럽 만들기

맛탕 시럽에 재료 섞기

상 차리기

요리 포인트

Q 맛탕의 시럽이 끈적이지 않게 하려면?

●● 맛탕의 시럽은 약간 딱딱하게 느껴질 정도로 굳어야 달콤하면서 고소한 맛을 즐길 수 있다. 때문에 시럽을 만들 때 중간 갈색이 날 때까지 졸여 준 다음 불을 약하게 한 상태에서 튀겨낸 밤과 고구마를 넣으면 재료가 모두 뜨거운 상태이기 때문에 시럽이 잘 묻게 된다. 시럽이 실처럼 쭉 늘어지는 정도가 적당하다.

인스턴트 소스로 만든 초간단 요리

소스를 직접 만들기가 번거롭다면 쉽게 살 수 있는 인스턴트 소스를 이용하여 다양한 요리를 만들어 보자.
빠르고 손쉽게 특별한 요리를 맛볼 수 있을 것이다.

쇠고기튀김

연어마늘쫑말이

머스터드 소스를 이용한
쇠고기튀김

재료 ··· 쇠고기 등심 300g, 햄 100g, 브로콜리 150g, 소금 · 후춧가루 조금씩

소스 ··· 머스터드 소스 2큰술, 마요네즈 4큰술, 다진마늘 2큰술, 다진파인애플 2큰술, 소금 · 후춧가루 조금씩

만 · 들 · 기

1 쇠고기는 등심으로 준비해 한 입 크기로 썰어 소금 · 후추로 간한다.

2 햄은 쇠고기와 같은 크기로 썰어 준비한다.

3 브로콜리는 한 입 크기로 떼어 끓는 물에 소금을 넣고 데쳐 찬물에 담근 후 꼬치에 꿴다.

4 쇠고기 · 햄은 기름에 튀겨 꼬치에 꿴다.

5 그릇에 머스터드, 다진 파인애플, 다진마늘, 마요네즈, 소금, 후추를 넣고 고루 섞는다.

6 꼬치에 꿴 브로콜리와 쇠고기, 햄을 준비한 소스와 함께 상에 낸다.

우스타 소스를 이용한
단호박양파구이

재료 ··· 단호박 1/3개, 양파 1개, 베이컨 3장

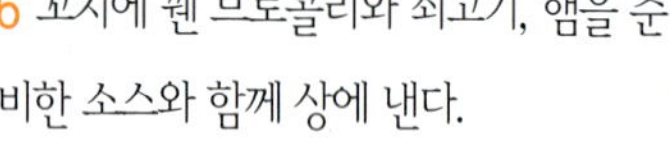
단호박양파구이

단호박양파구이

소스 ··· 우스타소스 1큰술, 육수 1/2컵, 청주 2큰술, 물엿 1큰술, 설탕 큰술, 로즈마리 1잎

만 · 들 · 기

1 단호박은 반을 잘라 껍질을 대충 벗기고 6등분 하거나 먹기 좋은 크기로 썬다.

2 양파는 채썰고 베이컨도 잘게 썬다.

3 팬에 기름을 두르고 준비한 호박을 앞뒤로 굽다가 우스타 소스와 육수, 청주, 설탕을 넣은 후 준비한 단호박과 양파, 베이컨을 넣고 뚜껑을 덮고 익힌다.

4 어느 정도 익으면 뚜껑을 열고 완전히 수분이 날아가도록 센 불에서 굽다 그릇에 담아낸다.

프렌치 드레싱을 이용한
연어마늘쫑말이

재료 ··· 연어 150g, 마늘쫑 150g

소스 ··· 프렌치 드레싱 4큰술, 양파 1큰술, 청양고추 1개, 파프리카 1/2개, 다진마늘 1/2큰술, 소금 조금

만 · 들 · 기

1 연어는 훈제로 준비하여 얇게 썰어준다.

2 마늘쫑은 4cm의 길이로 썰어 끓는 물에 데친 다음 찬 물에 헹궈둔다.

해물조림

3 그릇에 양파, 청양고추, 파프리카, 다진마늘, 프렌치드레싱, 소금을 넣고 잘 섞어 신선한 드레싱을 준비한다.

4 찬 물에 헹궈 둔 마늘쫑을 연어로 돌돌 말아 그릇에 담고 준비한 드레싱을 끼얹는다.

굴소스를 이용한
해물조림

재료 … 홍합 300g, 해삼 1개, 오징어 1마리, 새우 5마리, 홍고추 2개, 마늘 3톨, 파 1대
소스 … 굴소스 3큰술, 청주 3큰술, 설탕 1큰술, 물엿 1/2큰술, 육수 1컵, 참기름 조금

만·들·기

1 홍합은 살로만 준비해 손질한 다음 끓는 물에 살짝 데쳐둔다.

2 해삼은 저며 썰고, 오징어는 껍질을 벗기고 잔 칼집을 넣고 한 입 크기로 썬다.

3 새우도 씻어 건져둔다.

4 홍 고추는 채썰기, 마늘은 저며 썰기, 파는 3cm 길이의 크기로 썰어 준비한다.

5 냄비에 육수를 붓고 끓이다 준비한 굴소스와 청주, 설탕을 넣고 끓인다.

6 굴소스를 넣은 육수가 끓으면 준비한 홍합·새우·오징어·해삼을 넣고 조리다가 썰어둔 파, 마늘, 물엿, 참기름을 넣고 윤기나게 조려낸다.

스파게티 소스를 이용한
치킨포테이토구이

재료 … 닭갈비 200g, 레먼즙 1큰술, 로즈마리 1g, 버터 1큰술, 감자 3개, 마요네즈 2큰술, 스파게티 소스 1컵, 소금·후춧가루 조금씩

만·들·기

1 닭은 갈비살로 준비하여 레먼즙을 뿌리고 소금과 후춧가루로 간한다.

2 감자는 삶아 껍질을 벗기고 으깨 마요네즈와 소금, 후춧가루로 간한다.

3 달구어진 팬에 버터를 두르고 준비한 닭고기를 굽다가 로즈마리를 넣어 향이 배도록 한다.

4 스파게티 소스를 깔고 닭고기를 올린 후 감자를 틈 사이에 담고 소스를 다시 뿌려 200℃의 오븐에 20분간 굽는다.

5 오븐에 구워 낸 요리에 치즈가루와 파슬리가루를 뿌려 낸다.

치킨포테이토구이

편육사과냉채

겨자 소스를 이용한
편육사과냉채

재료 … 쇠고기 편육 200g, 배 1개, 파프리카 1개
소스 … 겨자 소스 3큰술, 마요네즈 1큰술, 다진마늘 1작은술

만·들·기

1 쇠고기는 편육으로 준비하여 푹 삶아 건져 식힌 뒤 얇게 저며 썬다.

2 배와 파프리카는 굵직하게 채썬다.

3 겨자 소스, 마요네즈와 다진마늘을 넣고 고루 잘 섞어 소스장을 만든다.

4 그릇에 준비한 편육과 배, 파프리카를 담고 소스장을 골고루 뿌려 낸다.

♥ 고기를 삶을 때는 파나 마늘, 생강 같이 향이 강한 채소를 넣어야 고기의 누린내를 없앨 수 있으며 끓이는 도중 떠오르는 거품을 걷어 내 주어야 한다. 또한 편육으로 고기를 사용할 경우에는 무명실로 단단하게 묶어 준 후 삶아야 살이 부서지지 않고 썰었을 때 모양이 깔끔하다.

INDEX